人人都是数据分析师系列

从 Power BI
到 Power Platform
低代码应用开发实战

BI使徒工作室 雷元
陈桂健　　／ 著

U0390260

人民邮电出版社
北京

图书在版编目（CIP）数据

从Power BI 到 Power Platform：低代码应用开发
实战 / BI使徒工作室雷元, 陈桂健著. -- 北京：人民
邮电出版社，2022.1（2022.10重印）
（人人都是数据分析师系列）
ISBN 978-7-115-57100-7

Ⅰ. ①从… Ⅱ. ①B… ②陈… Ⅲ. ①软件工具－程序
设计 Ⅳ. ①TP311.561

中国版本图书馆CIP数据核字(2021)第164433号

内 容 提 要

低代码开发平台是企业实现数字化转型的有效手段。近几年，各大软件公司纷纷布局和推出低代码开发平台，而微软公司的 Power Platform 已占据世界 500 强97%企业的市场。

本书从 Power Platform 基础理论出发，并着手实践，除了介绍大众熟知的数据可视化工具 Power BI，还介绍 Power Apps、Power Automate、Power Virtual Agents 及通用组件（AI Builder、Data Connector、Dataverse）等，帮助读者全方位了解 Power Platform 的工作原理和业务场景，全面掌握低代码应用开发、流程自动化、数据分析与可视化、智能聊天机器人等应用技能。

本书内容循序渐进，指导性强，尤其适合非 IT 背景的业务人员，及对数字化转型，特别是对全民开发、低代码开发感兴趣的读者阅读、使用。

◆ 著　　　BI 使徒工作室 雷元
　　　　　　陈桂健

　　　责任编辑　郭　媛
　　　责任印制　王　郁　焦志炜

◆ 人民邮电出版社出版发行　　北京市丰台区成寿寺路 11 号
　　邮编　100164　电子邮件　315@ptpress.com.cn
　　网址　https://www.ptpress.com.cn
　　北京天宇星印刷厂印刷

◆ 开本：800×1000　1/16
　　印张：21　　　　　　　　　2022 年 1 月第 1 版
　　字数：441 千字　　　　　　2022 年 10 月北京第 5 次印刷

定价：89.90 元

读者服务热线：(010)81055410　印装质量热线：(010)81055316
反盗版热线：(010)81055315
广告经营许可证：京东市监广登字 20170147 号

序　一

今天，当几乎所有的企业都在谈论着数字化转型时，微软已经在自我革新和转型的道路上探索了多年，并且持续通过微软云矩阵提供的能力与无数企业和用户一同规划着未来的"图景"。在数字化转型的旅程中，我们看到越来越多的企业和用户意识到释放创新能力所带来的价值和魅力，在构建"强大又全面"的基础架构和业务平台的基础之上，也对"小而美"的快速响应和构建解决方案能力情有独钟。这使得技术与业务见解之间的边界变得模糊，平台间的融合变得更加流畅和自然，而所有这一切不再需要复杂、漫长的过程，"低代码"的方式让每一个人都有机会成为数字化转型旅程的参与者，而 Power Platform 就是这个旅程的推进剂。

相信许多读者认识微软的 Power Platform 家族产品是从 Power BI 开始的。Power BI 是微软众多可以引领一个技术领域发展的产品之一，在 2021 年 2 月 Gartner 发布的《分析和商业智能平台魔力象限报告》中，微软再一次领跑"领导者"象限，这已经是第 14 次蝉联殊荣，并继续呈现进一步领先的态势。经过不断的技术演进和迭代，如今的 Power BI 已经融入 Power Platform 的家族，成为这个被微软现任 CEO 萨蒂亚·纳德拉（Satya Nadella）称为"Next Big Thing"（"下一件大事"）的微软新一代低代码应用开发平台。

在了解 Power Platform 具体的组成之前，我们先来观察一下来自外部商业世界和社会的变化。

- 第一，劳动力的变化。现在全球 35% 的劳动力是"千禧一代"，到 2025 年，这个比率会达到 75%。这意味着这些"数字原住民"对移动应用的数字化体验有着非常高的期望。
- 第二，全球数字化转型趋势激发了前所未有的数字体验需求。预计在未来 5 年内全球将构建超过 5 亿个新应用，这比过去 40 年来构建的应用总和还要多。
- 第三，整个市场对移动应用需求的增长速度是传统 IT 部门所能满足数量的 5 倍。
- 第四，来自外界的无法预测的突发的负面冲击。公共卫生突发事件给全球经济带来巨大冲击，也给各地企业的发展带来了巨大压力，这使得企业必须快速找到解决之道去满足激增的数字化需求。

在这样颠覆式的影响下，让每个人都具备开发技能的工具——低代码平台成为了一种必然。

Power Platform 由 Power BI、Power Apps、Power Automate、Power Virtual Agents 四大模

块组成，除 Power BI 之外，Power Apps 为用户提供了"搭积木"式的开发模式，在无须写一行代码的情况下通过拖、拉、拽的方式完成开发，此外通过与 Excel 函数公式相似的 Power Platform 语言 Power Fx，以及对 Azure 平台高级服务的调用，帮助专业开发人员快速开发复杂应用。Power Automate 则扮演自动执行流程的角色，集成 RPA、DPA 与 AI，支持基于 API、UI、桌面与云端的自动化，提供基于 AI 的流程挖掘功能，并与 Power Apps 无缝衔接。而借助 Power Virtual Agents，业务人员可以在无代码的模式下搭建聊天机器人。

　　Power Platform 是一种包容性技术和工具，它打破了束缚我们多年的角色间的技术壁垒，释放了不同角色的人对业务的经验和对极致效率的追求，通过易用性赋予每一个人轻松连接技术和业务的能力，不断解决问题，优化业务和流程的能力，从数据中获取洞察力和进行决策的能力，从而创造一种创新的企业文化，这将引领企业和每一个参与者实现从未企及的价值。

　　这本书详细介绍 Power Platform 家族成员的强大功能。作者通过深入浅出的案例来阐述每个应用及组件的工作原理和业务场景，并且让读者有能力融会贯通，以构建完整的业务应用。这正是 Power Platform 能够带给每一个业务用户的价值。愿你在这本书中感受到这样的力量与价值。

康容

微软大中华区副总裁，市场营销及运营总经理

序　二

数字科技改变人类生活，为企业效益带来了指数型的提升。在那些颠覆历史的转折点上，大多数人是时代的见证者，极少数人是贡献者，但只有抓住了机遇的那一批人，才能在深度参与改变世界的同时获得跃级式的成长。

新时代从不缺少技术转型的机遇。关键的问题是，我们怎样才能够成为稀缺资源，也就是转型的贡献者乃至领导者？这里有 3 个关键步骤。

1. 重新定义能力的边界

看到过身边的一些朋友，因业绩压力到处拜访，积累行业资源；为了查询数据不用求人，开始自学 SQL；为了成为业务领域专家，到一线现场苦心磨炼……突破舒适区需要强大的决心和驱动力，起初往往极度不适，但当尝到了突破能力边界的甜头时，就意味着你已经掌握了真正的优势。

也看到过许多人流露出故步自封的想法：我没有 IT 背景经验，也不懂编程；我只负责后台支持，对前台业务不熟悉；我擅长写代码，但不爱与人交流……给自己设定默认的边界，成长的天花板也就在此了。如果我们想要跃级式地成长，就要以积极学习的心态，勇敢面对未知。

穿越非舒适区来获取新能力，就好比村上春树对暴风雨的描述："暴风雨结束后，你不会记得自己是怎样活下来的，你甚至不确定暴风雨真的结束了。但有一件事是确定的：当你穿过了暴风雨，你早已不再是原来那个人。"

2. 尝试创新工具

相信技术创新的力量是可以轻松颠覆现状的。多年以前，我和几位同事刚开始接触 Power BI，惊奇地发现一个人从数据集的建立、准备、建模，到做成可视化看板，再到分发给业务人员，全流程都可以通过无代码或低代码的方式搞定。这意味着，达成同样的解决方案，可能别人的产品文档刚开始写，我们已经用 Power BI 把极具震撼力的产品做出来了，而且基于云计算的软硬件开发成本可以忽略不计。

驾驶的理想形态是什么？无人驾驶。数据分析产品的理想形态是什么？人工智能。我们提出问题计算机可以自动输出答案。关于我们工作中使用的工具，理想的产品是什么样子？在朝向目标努力的路上，一定会有大量的产品不断涌现出来。如果你能够比别人更快地掌握一项创新工具，这就是你的竞争优势。

3. 拼装组合

拼装组合就好比有人靠知识内涵挣钱，有人靠操作技能挣钱，如果鱼和熊掌兼得，再把优势结合起来，岂不是达到让人嫉羡的境界？这也是微软这套工具 Power Platform 的理念——"Powerful alone. Better together"，单独应用已经很强大，放在一起更好。

数字化转型是大势所趋，这本书正是顺势而为，帮助广大读者看到未来，基于微软的 Power 套件组合，构建属于自己的强大工具箱，从而抓住这个时代的机遇。

我相信只要有敢于突破能力边界的决心，在创新工具的驱动下，人人成为专家的愿望将逐渐成为现实，人人可以成为应用开发者、工作流工程师、数据分析师，人人又都可以是产品经理、业务专家。当我们拥有不止一项卓越的技能，并把它们组合在一起时，势必迸发出前所未有的生产力。而作为生产力的贡献者，也必将在数字化转型的过程中实现更大的自我进化。

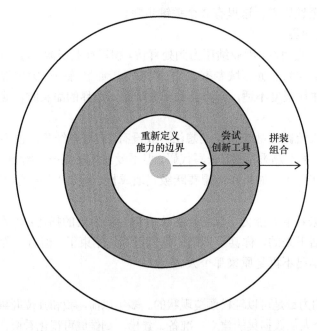

马世权

公众号"PowerBI 大师"创始人，《从 Excel 到 Power BI：商业智能数据分析》作者

前　　言

　　很长时间以来，"数字化"和"数字化转型"一直是各行各业热议的话题。可是，对于什么是数字化、怎么进行数字化转型却一直众说纷纭，莫衷一是。一方面，这是因为数字化的话题太宽泛，而每个行业都有其数字化转型的侧重点（例如基建行业的数字化和零售行业的数字化就有很大的不同）。另一方面，由于信息技术发展迅速，新的技术层出不穷（例如最近几年兴起的云计算、大数据、人工智能等），这也不断为数字化带来新的含义。然而，大家虽然都了解数字化的重要性和迫切性，但却不知从何处入手。

　　对于一般的企业而言，数字化转型意味着将研发、生产、销售、管理等各环节与各种数字化技术——互联网、大数据、云计算、人工智能等相结合，从而促进企业运营效率的提升。这是一个大而全、自上而下的过程，也是漫长的过程。然而，当今社会瞬息万变，业务机会转瞬即逝，在很多时候不允许企业在数字化转型中耗费漫长的时间和大量的精力。

　　"全民开发"的概念应运而生，即每个人都应该有能力设计和开发应用软件，都应能引领数字化转型。这是一种自下而上的数字化转型概念。一方面，每个人都十分熟悉与自己日常打交道的流程和数据，对它们的数字化需求有最深刻的理解；另一方面，最近几年自助式、低代码的应用开发平台和数据分析工具日臻成熟，也让普通开发者有了快速开发的能力，能够快而准地开发小而精的应用软件。所谓低代码（包括无代码）开发，就是以"拖、拉、拽"的可视化方式，让软件开发人员及非 IT 专业背景的普通业务人员，以少量代码或零代码的方式开发应用软件。

　　微软公司的 Power Platform 是低代码和无代码开发平台的代表，它完整地包含了数字化的几大关键要素：数据和流程建模、统一数据存储、用户界面设计、自动流程执行、数据分析与可视化、人工智能和机器学习等。使用 Power Platform，可以让企业里的每个人都能自行开发应用，这将极大地推动企业数字化转型。你可以想象 IT 行业传统的几大工作，如应用开发工作、自动化开发工作、分析开发工作和运维工作，分别被 Power Platform 平台的 Power Apps、Power Automate、Power BI、Power Virtual Agents 增强甚至取代，而这些应用还有三大通用组件 AI Builder（人工智能应用服务）、Dataverse（通用数据服务）、Data Connector（数据连接器）的无缝支持，形成强大的生态系统。微软公司甚至认为，经过数字化转型后，每家公司都将成为软件公司。"全员 coding"的梦想时代已然来临，"数字公民"显然已不仅仅是一个概念。一个成功的数字化企业应该是数字系统、数字文化、数字人员的综合载体。

本书核心价值在于帮助读者快速、全面、准确地理解 Power Platform 并赋能读者自助进行低代码开发。全书共 6 章。

第 1 章简要介绍 Power Platform 的构成和各个应用的功能，让读者大致了解能用 Power Platform 来做什么。

第 2 章深入介绍 Power Platform 中 Power BI 的数据分析和可视化报表功能。

第 3 章重点介绍如何使用 Power Apps 来进行低代码应用开发。我们将会通过几个有意思的例子，带领读者通过拖曳控制和编写简单公式的方式来开发应用软件。

第 4 章介绍 Power Automate 工作流。Power Automate 可以实现流程的自动执行，支持以 API 的方式连接多种软件和服务，也支持通过 RPA 的方式模拟鼠标、键盘的操作。在这一章中，我们会从实例出发，由浅入深地带领读者创建和运行工作流。

第 5 章简要介绍 Power Virtual Agents。使用 Power Virtual Agents 可以很方便地创建聊天机器人。聊天机器人是人工智能技术的典型应用，可以部署在软件和网站中作为用户访问的入口，让用户交互的过程变得更智能和有趣。在这一章中，我们会通过一个例子带领读者创建智能聊天机器人。

第 6 章是综合应用。我们会综合利用 Power Platform 的各个应用，创建一个完整的应用，用于记录和分析用户的日常饮食情况，并在饮食异常（如热量过高）时向用户发出警报。

本书适合对数字化转型，特别是对全民开发、低代码开发感兴趣的读者。读者将会从一个个实例中，由浅入深地习得低代码开发的方法和技巧。由于国内、国际版 Power Platform 试用性的区别，本书中所有示例场景均基于国际版 Power Platform，且考虑到国内读者阅读习惯，已设置中文显示界面，但由于国际版翻译不完全，部分界面中的文字非中文，请读者见谅。

数字化技术日新月异，层出不穷，希望本书能起到抛砖引玉的作用，供读者入门和参考。由于编者水平所限，书中疏漏之处在所难免。若蒙读者诸君不吝告知，将不胜感激。让我们乘上这条低代码的 Power Platform 渡轮，到达数字化海洋的彼岸。时不我待，carpe diem（抓住机遇，把握现在）！

最后希望每位读者都能成为数字化转型浪潮中的领军者！

雷元

2021 年 5 月 1 日

资源与支持

本书由异步社区出品，社区（https://www.epubit.com/）为您提供相关资源和后续服务。

配套资源

本书提供如下资源：
- Power Platform 教学材料；
- 本书彩图文件。

要获得以上配套资源，请在异步社区本书页面中单击 配套资源 ，跳转到下载界面，按提示进行操作即可。

提交勘误

作者和编辑尽最大努力来确保书中内容的准确性，但难免会存在疏漏。欢迎您将发现的问题反馈给我们，帮助我们提升图书的质量。

当您发现错误时，请登录异步社区，按书名搜索，进入本书页面，单击"提交勘误"，输入勘误信息，单击"提交"按钮即可（见下图）。本书的作者和编辑会对您提交的勘误进行审核，确认并接受后，您将获赠异步社区的 100 积分。积分可用于在异步社区兑换优惠券、样书或奖品。

扫码关注本书

扫描下方二维码，您将会在异步社区微信服务号中看到本书信息及相关的服务提示。

与我们联系

我们的联系邮箱是 contact@epubit.com.cn。

如果您对本书有任何疑问或建议，请您发邮件给我们，并请在邮件标题中注明本书书名，以便我们更高效地做出反馈。

如果您有兴趣出版图书、录制教学视频，或者参与图书翻译、技术审校等工作，可以发邮件给我们；有意出版图书的作者也可以到异步社区在线提交投稿（直接访问 www.epubit.com/selfpublish/submission 即可）。

如果您所在的学校、培训机构或企业，想批量购买本书或异步社区出版的其他图书，也可以发邮件给我们。

如果您在网上发现有针对异步社区出品图书的各种形式的盗版行为，包括对图书全部或部分内容的非授权传播，请您将怀疑有侵权行为的链接发邮件给我们。您的这一举动是对作者权益的保护，也是我们持续为您提供有价值的内容的动力之源。

关于异步社区和异步图书

"异步社区"是人民邮电出版社旗下 IT 专业图书社区，致力于出版精品 IT 图书和相关学习产品，为作译者提供优质出版服务。异步社区创办于 2015 年 8 月，提供大量精品 IT 图书和电子书，以及高品质技术文章和视频课程。更多详情请访问异步社区官网 https://www.epubit.com。

"异步图书"是由异步社区编辑团队策划出版的精品 IT 专业图书的品牌，依托于人民邮电出版社近 40 年的计算机图书出版积累和专业编辑团队，相关图书在封面上印有异步图书的 LOGO。异步图书的出版领域包括软件开发、大数据、人工智能、测试、前端、网络技术等。

异步社区

微信服务号

目　　录

第 4 章　探索 Power Automate ································ 206

第 1 章　Power Platform 概述

1.1　Power Platform 介绍

1.1.1　Power Platform 简介

Power Platform 是什么？也许目前很多人对它还不太了解。但是，谈到 Power Platform 的一位成员——Power BI，相信大多数读者对它已经比较熟悉。图 1.1 所示为微软公司官方的 Power Platform 架构图。Power Platform 内含 4 个 Power 应用和 3 个通用组件。

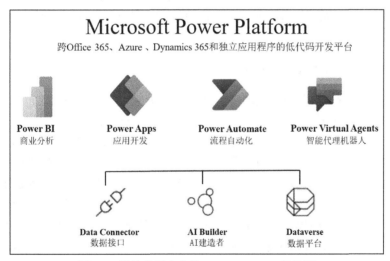

图 1.1　微软公司官方的 Power Platform 架构图

1. Power 应用

（1）**Power BI**：通过可视化分析让读者可以洞察数据蕴含的价值。Power BI 既可以用于自助商业智能分析，也可与 Azure 数据库、数据湖相结合，实现企业级的商业智能应用。

（2）**Power Apps**：可用于替换 Excel 表格、纸质表单等传统方案，快速地以无代码或低代码的方式来开发应用程序；可与 AI Builder、Dataverse 相结合，实现丰富的应用场景。

（3）**Power Automate**：可用于一般工作流自动化场景、RPA（Robotic Process Automation，机器人流程自动化）应用。Power Automate 原名 Flow，加入 RPA 场景后于 2019 年 10 月正式更名为 Power Automate。

（4）**Power Virtual Agents**：支持用户无代码创建智能聊天机器人，同时可与 Power Automate 深度集成，丰富应用场景。

2．通用组件

（1）**Dataverse**：基于标准化数据模型的数据服务应用。简单而言，Dataverse 是一个带有 SaaS（Software as a Service，软件即服务）性质的线上数据库，支持用户通过自助式方式创建与定义数据库以及相应的数据服务规则。注意，Dataverse 原有名称为 Common Data Service（CDS），于 2020 年 11 月正式更名，但由于官网图片仍使用旧术语，本书中部分截图可能仍然使用旧术语。

（2）**Data Connector**：用于实现 Power Platform 与外部数据的数据连接，在写作本书时，Data Connector 提供的标准接口达 270 多种，从微软公司的产品如 SharePoint、SQL Server 等，到社交媒体如 Facebook、Twitter 等应用，应有尽有。开发者可通过 API（Application Programming Interface，应用程序编辑接口）开发任何定制化接口，如与微信、微博等定制化接口。

（3）**AI Builder**：可提供文本分类、表格处理、物体检测、预测等 AI（Artificial Intelligence，人工智能）模型以及一系列标准即开即用 AI 功能，无须提供 AI 指示，用户也能自助式落地 AI 解决方案。

1.1.2　Power Platform 商业价值

我们首先得从数字化转型这个话题聊起，目前人类社会已经处于数字化时代，即 DT（Digital Technology，数字技术）时代，这意味着过去 IT（Information Technology，信息技术）时代的生产工作方式与行为模式都将发生变革，而变革的引擎主要来自数字技术的发展。这并不是空泛的理论，而是切切实实涉及具体的商业场景细节。例如，日常录入数据的方式是通过纸质还是电子表格？数据的转化的过程是手动还是 AI 化？数据分析的能力仅限于传统 Excel 分析工具还是更为专业的 Power BI？如果人们在现实工作中仍然被传统的技术与思维所束缚，那数字化转型只能永远是一个美好的愿望。Power Platform 正是为解决数字化转型而生的一个整体性的解决方案平台。在 Power Platform 环境下，所有用户均可通过低代码或无代码方式落地各种数字化商业场景，并将结果充分与其他同事分享，形成规模效应，同时极大地提升用户体验。

数字化转型成功的关键因素有哪些呢？至少低代码是一个关键因素，因为它能有效降低学习成本。举例而言，现实中企业不可能要求所有业务人员个个精通如 Python、R 等数据分析工具，这些连 IT 人员都未必全部能掌握的工具，何况是业务人员呢？这样的人如果存在，一定凤毛麟角，而且拥有这种能力的人一般不会甘于一个普通的业务岗位，企业也很难将这种能力有效规模化。尤其对于非 IT 企业，精通 IT 技能并非也不应该是企业的核心价值所在。能否提升企业人员的数字化技能是数字化转型能否成功的核心因素。图 1.2 所示为高德纳（Gartner）公司低代码平台魔力象限图，Power Platform 作为微软公司力推的低代码平台在业界广受好评，在同行业中处于领导者地位。

图 1.2　高德纳公司低代码平台魔力象限图

何谓低代码？其本质是一种类似"乐高积木"的产物，Power Platform 将各式各样通用功能封装成各类型积木，形成模块化组件。用户通过自助"拼积木"的方式，创建属于团队或个人的"乐高城堡"，这就是低代码的商业价值。业务人员无须学习编程语言就能实现设计网页端应用、自动化、大数据分析这样传统 IT 人员才能完成的任务。相信用过 Power BI 的读者对低代码工作方式有更加深刻的理解，从"Excel 世界"转换到"Power BI 世界"，原来复杂的 Excel 公式或者是 VBA 被相对简易的 M、DAX 语言替代了，同时还支持可视化交互等新功能。低代码应用能解决企业数字化转型过程中实际业务流程难以落地的难题（见图 1.3）。

尽管 Power BI 是一款非常强大的数据可视化分析工具，但所谓"孤掌难鸣"，仅仅靠单一的数据化分析工具并不足以支撑企业数字化的全面转型。因此，继 Power BI 之后又出现了 Power Apps、Power Automate 等应用，这些应用和 Office"兄弟"应用（见图 1.4）相互协作、相得益彰，形成了强大的生态系统。

图 1.3 Excel、PPT 风格的操作体验

图 1.4 Office 365 应用列表

除了 Microsoft 365（原名 Office 365）云，Power Platform 还与另外"两朵云"（Azure 和 Dynamics 365）深度集成，形成了全方位的数字化生态系统。从这个战略高度而言，微软公司的数字化应用是以 Azure、Dynamics 365、Microsoft 365 这 3 朵云与 Power Platform 的深度结合的云生态系统。

1.1.3 Power Platform 对传统 IT 的挑战

在谈到 Power Platform 对传统 IT 的挑战这个话题前，我们首先要谈到一个人：查尔斯·拉曼纳。此君自毕业十年后，在 2019 年被称为至今为止微软公司最年轻的 VCP（Vice Corporate President，全球副总裁）。在如此年纪荣登如此重要的位置，其中很重要的原因归于查尔斯在领导 Power Platform 平台开发方面的卓越贡献，令 Power Platform 成为一支强而有力的新力量，号称微软公司的"第四架马车"。

微软公司对 Power Platform 的定位是全民开发平台，即无论是否拥有 IT 技能，用户均能在 Power Platform 上开发应用场景，同时 Power Platform 能为 SaaS 云托管服务。因此，许多传统上需要 IT 人员管理的工作如基础架构管理都将受到冲击。既然如此，那么传统的 IT

人员的价值何在？笔者认为，在低代码环境下，IT 人员仍有自己的舞台角色：

（1）Power Platform 平台的管理人员；

（2）Power Platform 应用培训人员；

（3）Power Platform 高级开发者。

Power Platform 虽然是低代码平台，但学习成本仍然是存在的，IT 人员充当的是"传道解惑"的角色。当业务人员通过自助方式实施个人或小组级别的数字化方案，IT 人员则会聚焦在复杂的企业解决方案领域，如 Power Platform 与 Azure 平台的深度集成开发。当然，自助与企业的划分界限也并非总是泾渭分明的，部分企业会定位 C.O.E（Center of Excellence，卓越中心）角色作为衔接 IT 与业务之间的"桥梁"。作为 IT 人员或 C.O.E 人员，对 Power Platform 的技术把握程度应比业务人员更为深入，这样才能更好地支持和引领业务的数字化发展。

1.1.4 Power Platform 与 Python、R 语言的对比

从技术角度而言，Power Platform 与 Python、R 语言既是竞争关系又是互补关系。对于 Python、R 语言，目前没有相关的低代码工具，因此在全民数字化转型领域，Power Platform 凭借微软公司的生态环境，有不可忽视的优势。而 Python、R 语言在复杂的专业领域更有优势，至于"全民 Python 和 R"，从今日的技术层面而言，还不具备实现的可能。幸运的是，Power Platform 支持嵌入 Python、R 语言的开发代码，二者可以结合使用，集成"威力"更为惊人。笔者通过如图 1.5 所示的 Excel、Power Platform 及 Python、R 语言的学习难度与普及人数对比进行说明。对于大多数非 IT 专业背景的人，先达到"中学水平"，是更加切实可行的目标。即使已经是"大学水平"的读者，重新回顾"中学课本"，也必会有所收获。

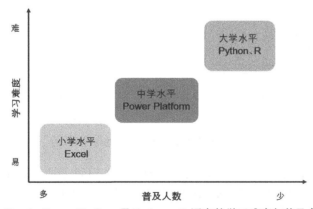

图 1.5　Excel、Power Platform 及 Python、R 语言的学习难度与普及人数对比

1.2   Power BI 介绍

1.2.1   Power BI 简介

Power BI 是一款数据可视化分析解决方案，如果觉得数据可视化分析概念太抽象，可以将 Power BI 理解为加强版的 Excel（尽管这种理解有些许偏差）。笔者对微软公司官网的 Power BI 简介（见图 1.6）简单总结为：连接各种数据源，创建令人惊叹的交互式可视化分析；发布报表和仪表板，与团队协作和共享见解；无缝获取见解或者随时随地进行无缝访问。

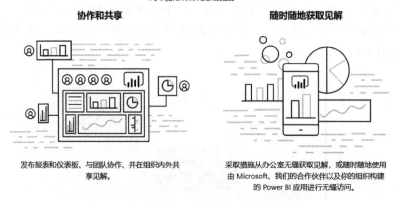

图 1.6   来自微软公司官网的 Power BI 简介

读者可能会问：但即使这样，何以见得此为 Power BI 的高明之处呢？其他 BI 工具（如 Tableau）也可以达到这种效果啊！的确没有错，能实现这些功能的产品不止一家，但俗话说，"人比人得死，货比货得扔"。图 1.7 所示为高德纳公司 2021 年的 BI 平台魔力象限图，可见微软公司在领导者象限遥遥领先对手，且微软公司已经在过去多年连续处于领导者地位。此图的横轴为前瞻性维度，可理解为"远景的丰富程度"；纵轴为可执行能力维度，即目前产品功能与用户体验是否值得肯定的体现。虽然，魔力象限图是对微软品牌的总体打分，但 Power BI 作为微软公司目前最核心的可视化数据分析工具之一，足以代表微软公司整体在 BI 平台方面的最高制作水准。

图 1.7　高德纳公司 2021 年的 BI 平台魔力象限图

1.2.2　Power BI 商业价值

1. 自助式分析与企业级分析

　　除了上述的可执行能力与前瞻性两个维度的价值，笔者认为 Power BI 身上还具有这些特点：操作敏捷自助，可视化功能丰富，适用于个人/部门/企业各层次。今天，传统的固定化 BI 报表已不能满足现代快速变化的商业需求，决策者应该思考是否需要将由 IT 人员主导的特定分析转为由分析人员主导的探索性分析。而 Power BI 恰恰可以赋能分析人员在无须 IT 人员介入的情况下独立完成一系列的数据挖掘操作，让"人人都能学会数据分析"不再是一句空洞的口号。如果把一家企业的 BI 分析工具比喻成武器，那么传统的企业级 BI 工具的特点是精准、射程远、威力大，但需要专业人员操作，自身维护成本高；自助式 BI 工具的特点是易上手，普通人通过短期培训就能发挥出很大"威力"（见图 1.8）。

　　这并不是说企业级 BI 工具不再重要了，对许多数据规模大、逻辑复杂的应用场景来说，仍然需要用企业级 BI 工具完成。因此，企业级 BI 工具目前仍然处于不可缺失的地位。企业应思考的不是二选一的问题，而是如何将传统的企业级 BI 工具和现代的自助式 BI 工具有机结合，发挥出最大的"威力"。例如,企业级 BI 工具在后方数据仓库搭建更有优势,专业 IT 人员可专注于数据仓库开发、数据治理等工作;分析人员则通过自助式 BI 连接后方数据仓库实现探索性分析,最大限度地释放生产力,从而事半功倍。图 1.9 所示为 Azure Data Services 架构图,是基于企业级应用平台 Azure 和各数据平台搭建的商业智能解决方案,Power BI 在其中发挥可视化呈现的功能。Power BI 既可用作自助式 BI 方案,也可以用作企业级 BI 方案。

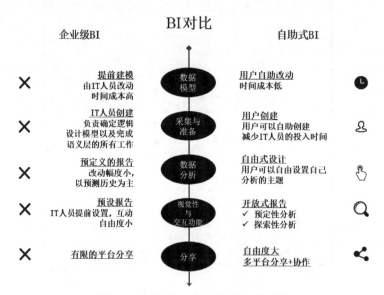

图 1.8   企业级 BI 与自助式 BI 的对比

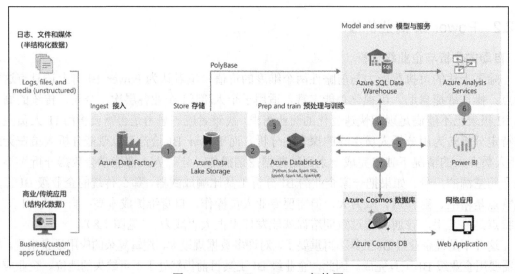

图 1.9   Azure Data Services 架构图

2. Power BI 与 Excel

有读者问，我用了这么多年的 Excel 难道不是一个自助式 BI 吗？我为什么还需要使用 Power BI 呢？虽然有争论，但 Excel 的确符合 BI 工具的许多特性。如果从这个角度理解，目前 Excel 的确仍然是市面上使用最广泛的"BI 工具"。有这样一个笑话说明 Excel 的广泛用途。

> 问：BI 工具中使用频率第三高的按键是什么？
>
> 答：导出为 Excel。
>
> 问：那么第一与第二高的呢？
>
> 答："Yes"和"No"。

那么，我们不妨对比 Power BI 与 Excel 这两款工具的差别。前文说 Power BI 是 Excel 加强版，那么它强在哪里呢？首先，Power BI 解决了 Excel 传统的三大难题，如表 1.1 所示。

表 1.1　传统 Excel 与 Power BI 主要功能对比

传统 Excel 挑战	Power BI 解决之道
无法超越 104 万行数据限制以及随着文件大小增大，缓慢的数据处理速度，甚至出现文件卡死	利用列存储技术，大大压缩文件大小，压缩比可达 1∶10，行数限制完全取决于内存的支持上限
为实现透视表分析，通过 VLOOKUP 公式，在事实表中添加 LOOKUP 列，不但公式维护成本高，且会产生冗余数据，影响性能	通过建立表与表间的连接，轻松实现 LOOKUP 表查询，不会产生冗余宽表
通过 VLOOKUP 公式，建立大而宽的表，会产生冗余数据和用到难以想象的复杂调用函数	通过 DAX，实现一次编写、多次调用，避免冗余公式。DAX 支持公式嵌套组合，可实现复杂逻辑计算

除此之外，Power BI 比 Excel 更加完善的地方还有许多，以下只列举一些重要特性：

（1）Power BI 增添了 Power BI service 分享发布功能，使内容发布与分享更为便利；

（2）Power BI 添加了丰富而强悍的可视化组件，使人们更容易理解和洞察数据背后的规律；

（3）Power BI 增加了 AI 高级分析功能，可帮助分析人员洞察数据；

（4）Power BI 可与 Office 365、Azure 和 Dynamic 365 无缝对接，形成了强大、协同的生态体系。

既然 Power BI 如此强大，是否日后能直接用 Power BI 替代 Excel 呢？答案是否定的。我们来看 Power BI 不能做什么：

（1）Power BI 不是编程工具，不能完成类似 Excel VBA 的复杂逻辑编写；

（2）Power BI 不能处理非结构性数据；

（3）Power BI 不能用于 OLTP（Online Transaction Processing，联机事务处理）；

（4）Power BI 本身只是分析数据的工具，通常不用于回写数据。

基于这几点，Excel 的优势就显现出来了。实际上，自 Excel 2010 开始，Excel 已经支持 Power Pivot、Power Query 功能。我们姑且将 Excel Power Pivot 与 Excel Power Query 统称为 Power Excel，这要与传统的 Excel 进行区分。如今的 Excel 使用者除了需要熟悉 VLOOKUP 和 VBA 这类传统 Excel 技能，也应该对模型方面的知识有所掌握，这样才是一个真正的 Excel 分析高手。图 1.10 所示为基于 Power Query 进行股票回归测试的 Power Excel，使用的技术是 VBA、Power Pivot 与 Power Query 的集成。

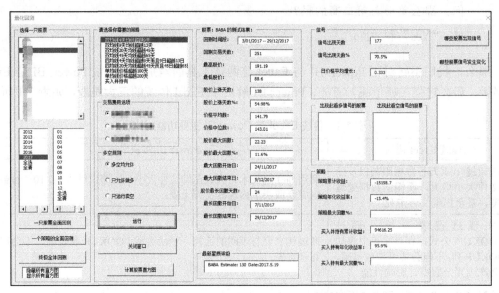

图 1.10　基于 Power Query 进行股票回归测试的 Power Excel

Power BI 与 Power Excel 在技术上是相通的，同宗同源，如图 1.11 所示，都有获取数据和分析数据模块。对比而言，Power BI 更适合用于可视化分析方案，而 Power Excel 更适用于事务型与表格型的混合解决方案。

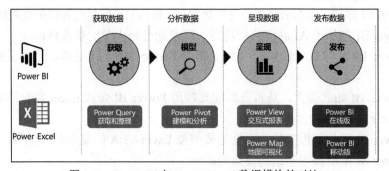

图 1.11　Power BI 与 Power Excel 数据模块的对比

1.2.3 Power BI 基础功能

Power BI 的核心功能有四大模块：数据准备、数据建模、数据可视化、数据发布与共享。图 1.12 所示为关于 Power BI 组件的比喻，一个成功的可视化数据分析过程可以比喻为一次愉快的外出用餐体验。为提供愉快的用餐体验，餐馆务必在选备食材、烹饪与卖相、环境与服务上下足工夫。在 Power BI 语境下，数据准备代表食材购买与准备，数据建模代表烹饪色香味俱全的食物，数据可视化代表菜品卖相，Power BI service 代表餐厅平台（环境与服务）。

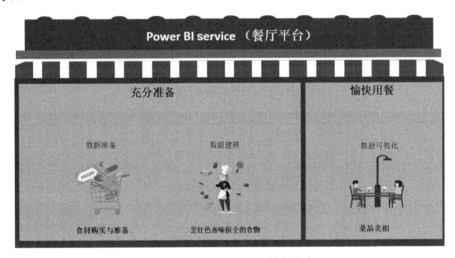

图 1.12 关于 Power BI 组件的比喻

1. 数据准备（数据清洗）

有一句老话 "Garbage in，garbage out"（垃圾进，垃圾出），用于强调数据准备的重要性。根据《哈佛商业评论》的调查研究，数据准备要花掉整个分析过程中 80%的时间。因此一个工具是否能胜任数据准备的挑战，其关键性不言而喻。在 Power BI 中，仅使用 Power Query 就可以完成许多基础的数据准备任务。同时，资深用户还可以直接使用高级功能，通过编写 M 语言代码来完成更为复杂的数据准备任务，前提是用户需了解 M 语言知识（见图 1.13）。

2. 数据建模

建模部分可谓是 Power BI 的灵魂核心。DAX（Data Analysis Expression）是数据分析工具的核心语言，通过 DAX，Power BI 可实现丰富的分析场景，甚至在 Excel 或 SQL 中也未必能表达出的逻辑，用 DAX 则能举重若轻地完成。与许多人一样，笔者被 DAX 的简练、高深、优雅所深深折服。DAX 表达式中一部分与 Excel 公式重合，如 SUM、IF、TRIM 等，通常这部分表达式用于计算列。另外如 CALCULATE、ALLSELECTED、ALL 等 DAX 独有表达式，通常用于度量、计算（见图 1.14）。

图 1.13 Power Query 主界面

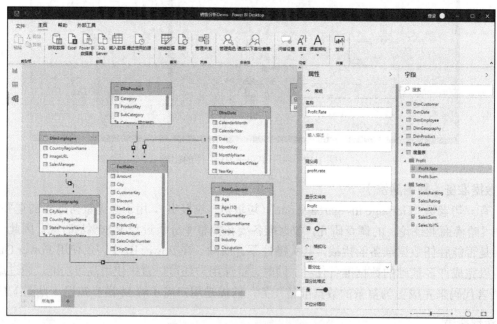

图 1.14 Power BI 关系视图界面

3. 数据可视化

除了 Power BI 可视化区中默认自带的 30 种可视化图形，Power BI 可视化库至少还有 200 多种可视化图形供用户选择。当然，这并不是说用户需要了解每种图形的用法，实际上许多图形之间是相似的。用户能掌握 30 种主要图形足矣。另外，部分 Power BI 可视化图形支持高级分析功能，但用户需要为使用额外功能支付额外许可费用（见图 1.15）。

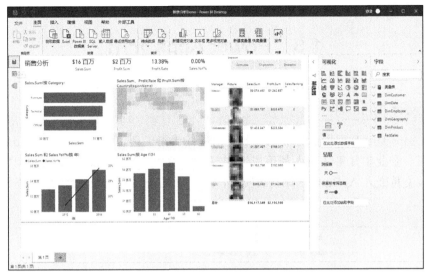

图 1.15　Power BI 可视化界面

4. 数据发布与共享

　　当制作报表完成后，我们可将报表发布至 Power BI service 中并与其他使用者共享分析结果。实际上，Power BI service 本身与数据分析没有太多直接关系，它只作为报表发布与共享的服务平台，其终极目的是为用户提供良好的环境，包括在线报表的访问速度、完善的分享功能、安全的访问、友好的用户界面等，从而提升用户体验，这些功能往往非常关键。试想即使前面所有步骤都做到完美，但对于刷新一次需要 5 小时、查询一次需要 10 分钟的报表，谁会享受这样的报表服务呢？（见图 1.16）

图 1.16　Power BI service 主界面

1.3   Power Apps 介绍

1.3.1   Power Apps 简介

　　Power Apps 是一款根据业务需求定制应用的低代码工具。图 1.17 所示为 Power Apps 官方功能介绍，企业中几乎任何人都可以通过预建模板、建议的拖放操作构建和启用应用。Power Apps 支持嵌入 AI Builder 等高级应用，也可与 Azure Functions 集成，赋予开发人员更多扩展能力。

图 1.17　Power Apps 官方功能介绍

1.3.2   Power Apps 商业价值

　　为什么需要 Power Apps 呢？在传统 IT 行业中，存在这样一个循环困境，新的商业机会往往需要新应用的支持，而市场中的标准应用又往往难以满足商业需求，于是寻求定制开发应用，但随之又要面临开发成本的上升与项目过程的拖延问题，最终好不容易完成交付应用，又发现原有商业需求发生变化，二次开发应用的成本过高，日常也难以维护。于是经过 2～3 年，又决定推翻已有应用，重新开始下一轮的循环。这就是传统应用开发中常见的挑战，开发的目的是让应用适用于人，但开发完成后的结果，往往是让人适应应用，这个过程影响的是用户的体验感和使用效率。Power Apps 的商业价值在于打破这种循环困境，通过低代码的方式，用户可以自助、快速构建定制化的、灵活轻便的应用，并可应需求迭代增强应用的功能，极大地延长了应用的生命周期。

顾问公司 Forrester 发布的 Power Apps 推动业务转型的调研结果（2020 年 3 月）表明，这些改变得益于业务人员由原来被动接受应用开发，转为主动自助应用开发。

1.3.3 Power Apps 基础功能

1. Power Apps 类型

如图 1.18 所示，Power Apps 可提供画布应用、模型驱动应用和门户 3 种 App，满足大多数商业场景的需求。它们的特征如下。

图 1.18 Power Apps 提供的 3 种 App

（1）**画布应用**：用户可在画布般的界面上设计每个具体的细节，添加各种输入控件，如文本输入、相机拍摄、图片上传、邮件搜索等，这都是为了收集信息数据。该应用提供一些常用的场景如费用报告或现场检查。图 1.19 所示为画布应用示例。

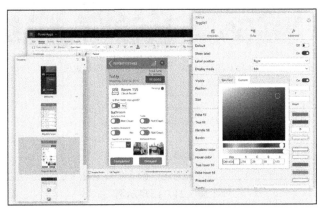

图 1.19 画布应用示例

（2）**模型驱动应用**：用于数据模型和业务流程中的应用管理，以拖曳的方式设计商业规则，并根据特定角色定制用户体验。图 1.20 所示为模型驱动应用示例。

图 1.20   模型驱动应用示例

（3）**门户**：用于创建门户网站，并支持通用身份验证，例如 Azure AD、LinkedIn、Microsoft 账户、Okta 等，门户示例如图 1.21 所示。

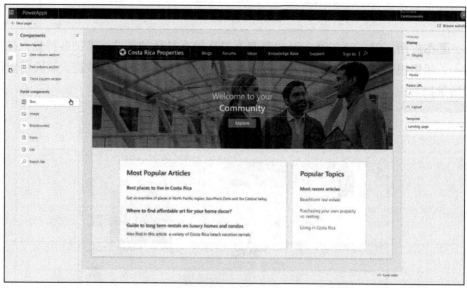

图 1.21   门户示例

2. Power Apps 函数

总体而言，Power Apps 函数分为两大类：Excel 类与非 Excel 类。顾名思义，Excel 类函数与 Excel 中的函数高度一致，例如 Sum、If、Trim 等，对 Excel 用户来说门槛低。Power Apps 函数示例如图 1.22 所示。

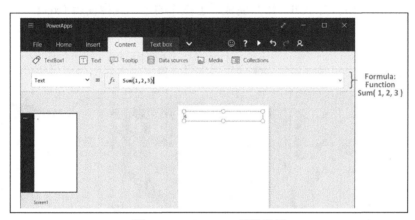

图 1.22　Power Apps 函数示例

非 Excel 类函数包括如 Filter、AddColumns、ThisItem、ClearCollection 等函数。图 1.23 所示为类似于 Power BI DAX 分析函数示例——Filter 公式的用法介绍，熟悉 DAX 的读者不难发现该公式与 DAX 中的 Filter 用法完全一致。因此，如果读者已经掌握了 Excel 与 DAX 函数，那么也就掌握了 Power Apps 中大部分函数的用法。当然，仍有一部分公式是独立存在于 Power Apps 中的，例如，ThisItem、ClearCollection 等，后文会对重要公式进行详解。

公式	描述	结果		
Filter(IceCream, OnOrder > 0)	返回 OnOrder 大于零的记录。	Flavor	Quantity	OnOrder
		"Chocolate"	100	75
		"Vanilla"	200	50
		"Mint Chocolate"	60	100
Filter(IceCream, Quantity + OnOrder > 225)	返回 Quantity 和 OnOrder 列的总和大于 225 的记录。	Flavor	Quantity	OnOrder
		"Vanilla"	200	50
		"Strawberry"	300	0

图 1.23　类似于 Power BI DAX 分析函数示例

1.4　Power Automate 介绍

1.4.1　Power Automate 简介

Power Automate 原名 Flow，可实现应用之间数据自动化的任务，从而减少手工的重复性工作。在 2019 年它加入了桌面流功能，用于实现 RPA 功能，于是更名为 Power Automate。Power Automate 可实现商业应用之间数据自动化传输（见图 1.24）。例如，将 Outlook 邮箱中邮件附件传输到 SharePoint 中；或者当 SharePoint 项目中新增内容时，触发邮件通知等。迄今为止，Power Automate 支持的数据应用接口就达 270 多种。除此之外，Power Automate 支持调用市面上的任何公开 API，用户完成以上操作的过程就像使用 Excel 一样方便。

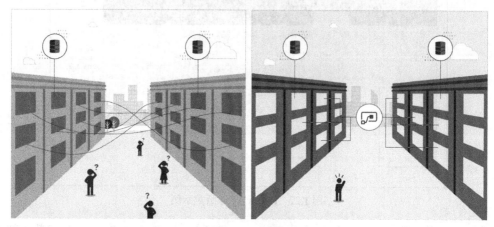

图 1.24　Power Automate 搭起应用之间的桥梁

1.4.2　Power Automate 的商业价值

　　Power Automate 的商业价值在于其支持自助式设置应用之间的数据连接，而在这之前，应用之间的数据连接往往需企业级中间件工具完成。但对于轻量级应用如 Office 而言，企业级中间件工具成本过高也不够灵活，Power Automate 能很好地填补这一空缺，通过自助式设置完成自动化工作，从而减少不必要的开发成本与时间消耗。那么 Power Automate 是否适用于企业级的数据自动化任务呢？对于企业级应用，微软公司推荐使用 Azure Logic Apps，一个数据处理能力更强的应用。而实际上 Power Automate 是 Azure Logics Apps 的轻量级衍生应用。熟练掌握 Power Automate 意味着掌握了 Azure Logics Apps 的基础知识。

　　图 1.25 所示为顾问公司 Forrester 发布的 Power Automate 推动业务转型的调研结果（2019 年 10 月）。微软公司对 Power Automate 产品价值的定位：Power Automate 可以使企业工作效率更高，更具有自动化特性。目前，Power Automate 主要有以下 4 个应用价值：

　　（1）自动化数据在应用系统之间的传输过程；

　　（2）为用户提供流程中不同环节的交互功能；

　　（3）通过 API 连接外部形形色色的数据源；

　　（4）实现桌面或者网页上的 RPA 功能。

图 1.25 顾问公司 Forrester 发布的 Power Automate 推动业务转型的调研结果（2019 年 10 月）

1.4.3 Power Automate 基础功能

1. 流分类

有别于 Power 家族的另外两名成员，Power Automate 没有用户界面（User Interface，UI），它是"隐藏"在后端的自动化选手，例如，可以自动化 Outlook 发送邮件、自动化刷新 Power BI 数据集，因此 Power Automate 是一只看不见的、在幕后运作的"手"。Power Automate 流可以分为三大类。

（1）**云端流**：由事件触发的一系列动作的流。事件指通过如手动、时间、更新等触发的信号。图 1.26 所示为手动触发的云端流示例。

图 1.26 手动触发的云端流示例

（2）**业务流程流**：在使用 Power Apps 和 Dataverse 方案中，可使用 Power Automate 自动

化业务流程流的用户体验。

图 1.27 所示为业务流程流设计示例，其中显示了流程中的 3 个阶段，而每个阶段中有若干个步骤。

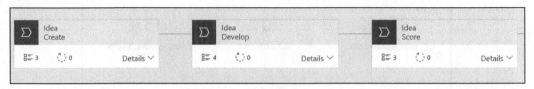

图 1.27　业务流程流设计示例

（3）桌面流：分为桌面应用与 Web 应用两大类别，通过无代码"录屏"的形式，记录的操作步骤，可转化为 RPA，图 1.28 所示为桌面流界面示例。

图 1.28　桌面流界面示例

值得一提的是，Power Automate 提供了丰富的模板，例如 Forms 与 Power BI 的衔接模板、SharePoint 与 Outlook 的衔接模板。用户可以通过关键词，搜索相关的模板，如图 1.29 所示。

2. 表达式

大部分情况下，Power Automate 的设计是通过对元素的拖曳完成的，图 1.30 所示为 Power Automate 中的流编辑界面，过程有点类似搭建乐高积木。流编辑几乎可以通过无代码完成，只是在某些稍微复杂的逻辑判断中需要少量的代码，但比 Power BI、Power Apps 表达式简单得多。

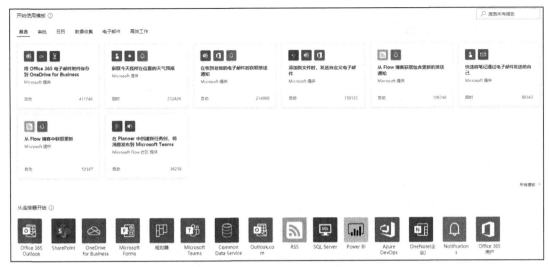

图 1.29　Power Automate 模板

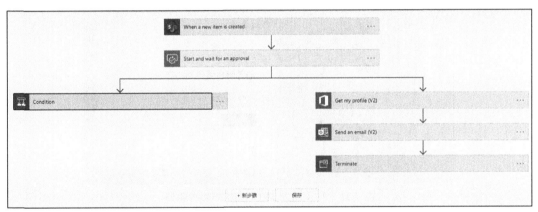

图 1.30　Power Automate 中的流编辑界面

1.5　Power Virtual Agents 介绍

1.5.1　Power Virtual Agents 简介

　　Power Virtual Agents（简称 PVA）是一款基于 Power Platform 云平台无代码的智能聊天机器人应用。无须具备 AI 知识与编程的基础，用户可自助式完成 PVA 的创建。PVA 也是 Power 家族成员中最年轻的一位，直到 2019 年 12 月才公开面世。

1.5.2　Power Virtual Agents 商业价值

PVA 能为商业带来 3 个主要方面的价值。

（1）提升个人数字能力：无须依靠 AI 知识、经验与 IT 人员协助，企业中每位员工都可以自助式创建团队级别以及个人级别智能聊天机器人。

（2）降低成本：PVA 可满足简单、常用的咨询服务需求，从而减少人工服务在时间上的浪费，让人工服务集中于更为复杂的咨询业务。

（3）提升用户体验：PVA 是跨越时间与地域的 SaaS 云服务应用，要确保能全天候为客户提供标准化以及个性化服务。

PVA 是 Power Platform 应用之一，与其他 Power "兄弟" 应用可实现无缝集成。举例而言，当对话服务中出现难以处理的复杂问题，PVA 可通过 Power Automate 中的工作流（Workflow）服务自动创建工单，请求人工介入。如果工单系统不支持工作流怎么办呢？不用担心，PVA 还可以调用桌面流，自动将信息录入第三方工单系统，图 1.31 所示为 PVA 助力 TRUGREEN 公司业务。

图 1.31　PVA 助力 TRUGREEN 公司业务

图 1.32 所示为顾问公司 Forrester 发布的机器人可提高组织工作效率的调研结果（2020年 6 月），调研内容为机器人与 Microsoft Teams 集成可带来的变化潜力。

图 1.32　顾问公司 Forrester 发布的机器人可提高企业工作效率的调研结果（2020 年 6 月）

1.5.3　Power Virtual Agents 基础功能

在 PVA 中，我们可以创建智能聊天机器人（简称机器人），一个机器人下可创建数个话题，图 1.33 所示为一个机器人对应多个话题。话题实际上是对话内容的逻辑定义设置，如商店的营业时间、商店售卖的产品种类、商品的售后政策等。同时，PVA 对自然语言有一定的理解能力。例如，话题中只定义了 Store Hours 为 09：00～21：00，但咨询用语输入为 Open hour 时，PVA 可以"理解"Open hour 指的就是 09：00。

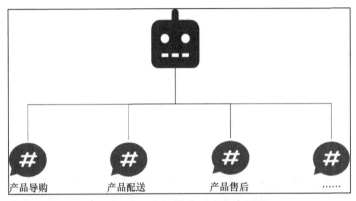

图 1.33　一个机器人对应多个话题

机器人可以被部署到不同的渠道中，如网站、Teams、社交平台等（见图 1.34）。

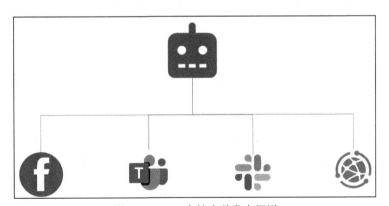

图 1.34　PVA 支持多种发布渠道

如图 1.35 所示为 PVA 中的对话设计界面。无论是简单还是复杂的逻辑，都可以在 PVA 中通过设置相应的节点（Nodes）与动作（Actions）加以实现。

虽然 PVA 定位为无代码应用，但开发者仍然可通过 Azure 扩展 PVA 的能力（见图 1.36）。

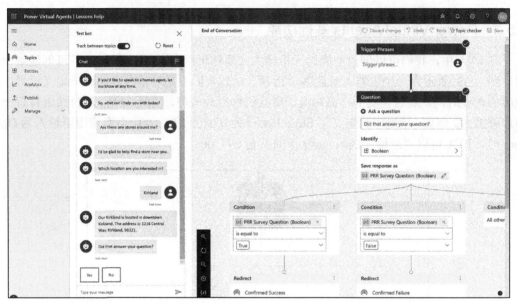

图 1.35　PVA 中的对话设计界面

图 1.36　PVA 支持使用 Azure 扩展开发

1.6　通用组件介绍

Dataverse、Data Connector 和 AI Builder 为 Power Platform 三大通用组件，为 Power 家族提供额外功能支持，所以它们总与 Power 家族成员一起被使用。

1.6.1　Dataverse

1. Dataverse 简介

Dataverse 是基于云的 SaaS 的数据库服务，能为用户提供标准的数据实体定义、安全的权限控制、灵活的业务逻辑构建、丰富的数据接口以及可扩展的数据容量，为 Power Platform 提供强大的数据支持。可以简单认为 Dataverse 是在云端的高级 SQL 服务应用，但其功能又不仅限于 SQL 功能，图 1.37 所示为 Dataverse（Common Data Service）功能的总览，可让我们了解 Dataverse 的一些特色。

（1）安全（Security）。Dataverse 可通过安全认证机制 Azure Active Directory（AAD，Azure 活动目录）提供多因子认证（MFA）功能，并且可实现行级权限设置与丰富的数据审计。

（2）商业逻辑（Logic）。Dataverse 可提供数据级别的业务逻辑处理机制。

（3）数据（Data）。Dataverse 可提供对数据的查找、建模、验证和报告功能。

（4）存储（Storage）。Dataverse 的数据存储在 Azure 云端。数据的存储路径与存储空间都由微软云管理，可节省用户的管理精力。

（5）集成（Integration）。Dataverse 支持多种数据 API 与各种应用集成。

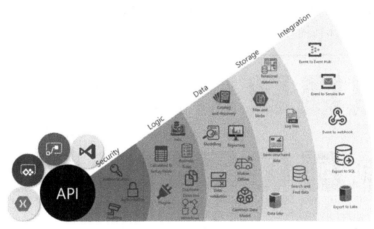

图 1.37 Dataverse（Common Data Service）功能的总览

2. Dataverse 的基础功能

参照图 1.37，我们来了解 Dataverse 的一些基础功能。

（1）**表格（Tables）**。表格可以理解为数据集中的表格，用于存储具体的数据记录。Dataverse 有许多预定义的表格（如 Account），用户也可根据需要创建定制化表格。注意，该术语旧称实体（Entities）。

（2）**列（Columns）**。列为表格中的字段。预定义的表格中，已定义了若干列，可供用户直接使用；当然用户也可通过"添加列"构建新的列。注意，该术语旧称字段（Fields）。

（3）**关系（Relationships）**。关系指表与表之间的业务逻辑。以 Account 为例，一个 Account 可记录对应多个 Donation 记录，用户也可自行定义新实体之间的关系。

（4）**业务规则（Business rules）**。业务规则是指将商业逻辑应用到实体中的数据层级中，从而更加有效地控制数据的机制。举个例子，业务中的检验错误、计算字段值、依据条件激活审批等场景均可在 Dataverse 的数据层完成，而无须借助于应用层实现。

（5）**窗体（Forms）**。窗体是指更新实体数据的表单，可修改默认表单并在数据栏"添加数据功能"中使用表单布局。

（6）**视图（Views）**。视图是指陈列实体相关的所有数据视图，用户既可使用默认视图，也可通过"添加视图"功能创建定制化视图。

（7）**数据（Data）**。用户可在数据栏下查看当前实体中的数据，可添加数据记录，以及选用不同的视图选项。

1.6.2　Data Connector

1．Data Connector 简介

Data Connector 是 Power Platform 与外部环境数据接口相连的连接器，通过 Data Connector 提供的接口，Power 家族成员可与外部数据源相连。图 1.38 所示为目前支持的接口，包括大多数 Office 应用与大量第三方的应用接口。

图 1.38　目前支持的接口

图 1.39 所示为由微软公司提供的高级数据接口，这些数据接口下方有"PREMIUM"的标识，这里大部分是连接商业应用的接口，如 SQL Server、Dynamics 365 等。如前所述，要使用这部分的接口需要额外的许可。

上述的数据接口的数量仍然在不断增长中，同时，用户可以开发定制化数据接口。国内像微博、微信、抖音这类社交应用，理论上只要有 API 许可，就可开发定制化数据接口与 Power Platform 相连。

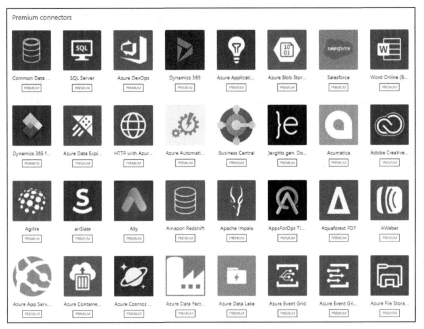

图 1.39 高级数据接口

2. Data Connector 基础功能

当使用 Power BI 的"获取数据"功能时，我们可以观察到各种类型的接口，如图 1.40 所示。

图 1.40 Power BI 获取数据界面

但是实际上这里只涉及 Data Connector 的一小部分功能而已，Power BI 中接口功能为只读，而在 Power Automate 中，Data Connector 有更加广泛的使用场景。例如，Data Connector 支持监测 SharePoint 列表的新项目创建、发送电子邮件、监测审批结果、更新 SharePoint 列表，这些功能的底层都是通过数据接口实现的，如图 1.41 所示。这些数据接口都被封装成 IDE（Integrated Development Environment，集成开发环境）模块，用户只需要通过拖曳就可轻松完成数据的调用，而无须编写代码。

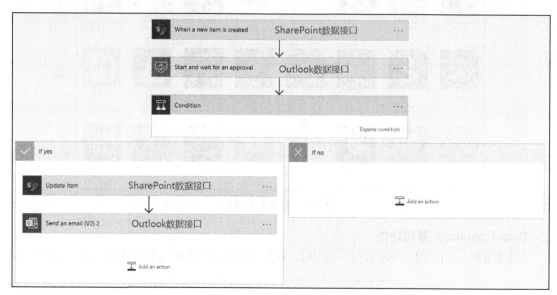

图 1.41　Power Automate 设计界面下的数据接口

1.6.3　AI Builder

1．AI Builder 简介

过去，AI 只是属于少数企业中的高端领域能力。如今，AI 应用能力正作为一种普遍能力被广泛应用在日常的商业场景中。一个企业的 AI 应用能力，也被视作数字化能力中的重要一环。但是，并不是每个企业都像阿里巴巴集团、百度公司那样有专业的技术团队和足够的研发资金投入 AI 应用能力的构建，而 Power Platform 中的 AI Builder 功能，能为企业提供的普遍 AI 应用能力。企业中的任何人都可以在没有 AI 基础知识的情况下，通过无代码的方式训练 AI 模型，并将训练完成的模型发布与应用在 Power BI、Power Apps 中。图 1.42 所示为目前 AI Builder 版本支持的模型。

在图 1.42 中，上方的实体提取、物体检测、类别分类、表格处理与预测皆属于需要训练的定制化模型，用户需要提供数据供模型"学习"，评估学习结果，最后部署使用。下方的"直接提高工作效率"则属于"训练"完成开箱即用的 AI 模型，不支持学习，用户可直接使用。

图 1.42　目前 AI Builder 版本支持的模型

2. AI Builder 基础功能

以下是关于定制化 AI 模型的功能分类。

（1）表格处理。从图片中的表格里提取、整理和保存指定的关键文字，如图 1.43 所示。

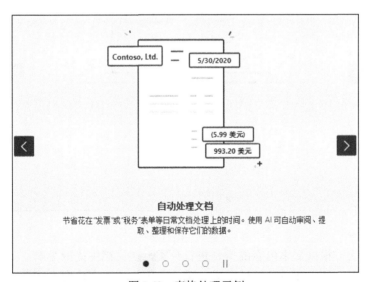

图 1.43　表格处理示例

（2）物体检测。从上传图片中识别物体的名称与数量，如图 1.44 所示。

图 1.44   物体检测示例

（3）预测。根据历史数据预测事件在未来的发生结果，如图 1.45 所示。

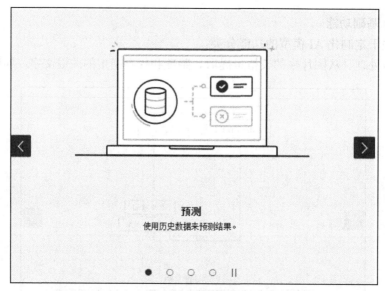

图 1.45   预测示例

（4）类别分类。根据文本内容的类别进行分类，从文档中提取见解，如图 1.46 所示。

（5）实体提取。依据业务分析的需求，确认数据中的重要内容，如图 1.47 所示。

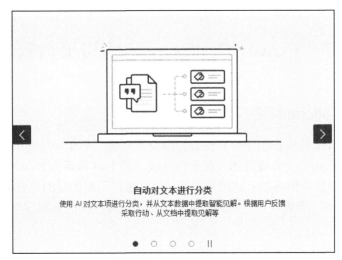

图 1.46　类别分类示例

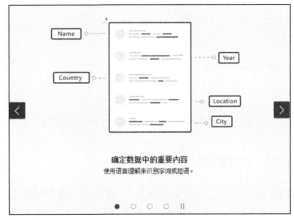

图 1.47　实体提取示例

高级模型可提供情感分析、语言识别、名片扫描等功能，如字面意思，通俗易懂，不另赘述。值得一提的是，每一次 AI 分析应用，都是通过模型中的数据与云算力完成的，消耗的是 Azure 云计算资源，需要额外付费购买。凡带有钻石标志的都属于高级模型范畴，如图 1.48 所示。

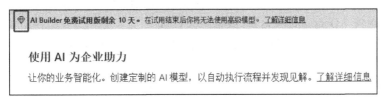

图 1.48　高级模型为额外收费服务

1.7   Power Platform 环境与平台管理

1.7.1   Power Platform 环境

Power Platform 支持用户创建独立的数据库空间环境，每个环境中的存储、数据、数据流、连接、网关、应用、安全设置都依存于该环境。图 1.49 所示为 Power Platform 的环境切换示例。注意，免费账户的环境有试用期。用户可以根据不同的目的设置不同的环境，例如，根据应用开发的需求，设置开发、测试与生产环境，或者根据业务地理位置的划分，设置亚洲环境、欧洲环境。

图 1.49   Power Platform 的环境切换示例

1.7.2   Power Platform 平台管理

Power Platform admin center 门户可为管理人员提供丰富的 Power Platform 管理选项。单击如图 1.50 所示的左图 Power Apps 界面下的"管理中心"，进入管理门户，如图 1.50 所示的右图。门户管理包括以下几个重要设置。

（1）环境（Environments）：查看与管理环境设置。

（2）分析（Analytics）：查看 Power Platform 服务应用的使用人数、API 调用次数等。

（3）资源（Resources）：查看容量、Dynamics 365 Apps 与门户的状态。

（4）技术与支持（Help+support）：技术支持提交与查询门户。

（5）数据集成（Data integration）：创建或添加预先设置的数据接口。

（6）数据网关（Data gateways）：数据网关设置。

（7）数据策略（Data policies）：设置不同数据接口与 Dataverse 之间的权限。例如，关闭 Facebook 接口与 Dataverse 连接。

（8）管理中心（Admin centers）：跳转至 Power BI、Power Apps 与 Power Automate 的管理门户。

图 1.50　Power Platform 管理中心

第 2 章 探索 Power BI

2.1 Power BI 入门

2.1.1 Power BI 许可介绍

"许可"一词为英文 license 的翻译，是一种能力的许可。Power Platform 是云端 SaaS 应用，用户可启用相应的许可获得相应的能力。

Power BI 中有着多种类型许可，总体可以分为两大类型：Power BI 角色许可与 Power BI 环境许可，如图 2.1 所示。

Power BI 许可类型

Power BI 角色许可	Power BI 环境许可
• **Free（免费）** 免费个人账户，可发布内容至"我的工作区"，但不可分享，不可创建新工作区。适合个人分析和学习用途。	• **Premium（高级）** SaaS企业级应用，Free用户可查看分享内容。企业专有能力，相同情况，更强的性能。高级分析功能。
• **Pro（专业）** 收费个人账户，可创建新工作区，可线上发布和共享内容给其他Pro用户，可查看其他人的共享内容。	• **Embedded（嵌入）** PaaS级应用，可通过一个Master账户或者服务主体分享嵌入报表内容，查看者无须任何Power BI许可。
	• **Report Server（报表服务器）** 本地解决方案，灵活设置，但平台需手动安装并且由IT专人维护。

图 2.1 Power BI 许可类型

1. Power BI 角色许可

（1）Pro（专业）许可。Pro 许可用户指购买了 BI Pro license 的用户，该许可允许线上发布与共享内容等。

（2）Free（免费）许可。Free 许可用户可发布报表，但是无法分享，也无法阅读其他 Pro 用户发布的内容，在 Premium 环境下除外。

2. Power BI 环境许可

（1）Premium（高级）许可。Premium 是最高级别的环境许可，Premium 工作区都带钻石标志。Premium 为云端 SaaS 应用，用户可将内容直接发布到该平台上，所有的操作界面都是标准设定的。该环境中，有权限的 Free 许可用户可以浏览报表。

（2）Embedded（嵌入）许可。Embedded 为 PaaS 应用，Embedded 不支持 Free 许可用户直接浏览共享内容与报表内容。通过服务主体（Service Principle）或者主账户（Master），开发人员可将内容嵌入网页门户端，而访问门户的用户甚至不需要任何 Power BI 许可，所以这是一种比较经济的部署解决方案。

（3）Report Server（报表服务器）许可。Report Server 为本地 IaaS 应用，由公司内部 100% 自行安装、管理与维护。该许可来自公司购买的 SQL SA（服务许可）key 或 Power BI Premium 中的 Power BI Report Server key，如图 2.2 所示。

图 2.2　从 Power BI Premium 中获取 Power BI Report Server key

为了避免混淆，一般我们可以这样定义企业用户：环境+角色。例如在 Premium 环境中的 Pro 许可，我们称为 Premium Pro 用户，在 Embedded 环境下的 Pro 许可，则是 Embedded Pro 用户。注意，在 2020 年年末，微软公司推出了新的许可 Premium per user，相当于基于个人版本的 Premium 能力许可，是比 Pro 许可更为高级的一种许可，费用会低于 Premium 许可。在写作之时，Premium per user 许可仍然处于试用预览阶段，建议有兴趣的读者继续留意最新的官方动向。

2.1.2　安装 Power BI Desktop

Power BI Desktop 为免费桌面应用，读者可通过网上搜索关键字"Power BI Desktop"，找到 Power BI 官网下载页面，单击"ADVANCED DOWNLOAD OPTIONS"选项。

在网页语言选择界面，选择"中文（简体）"，单击"下载"按钮。此处有 32 位和 64 位两个版本供选择，选择完成后，单击"下载"按钮，如图 2.3 所示。

成功安装结束后，桌面会出现 Power BI Desktop 图标 。这种手动下载虽然简便，但也有短板，由于 Power BI Desktop 每月有一版更新，这意味用户若需要使用最新版本，则需要每月手动下载最新版本，略为烦琐。更为简便的方式是通过 Windows 10 中的 Microsoft Store

（微软商店）下载 Power BI Desktop，Windows Store 会定期自动更新本地的 Power BI Desktop 版本，用户使用的一般总是最新版本，图 2.4 所示为 Windows Store 中的 Power BI Desktop 应用。

图 2.3   Power BI Desktop 语言选项

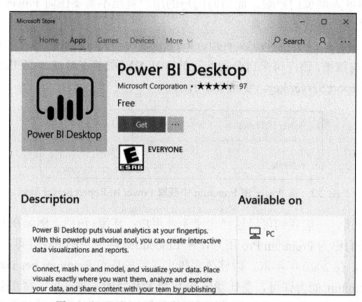

图 2.4   Windows Store 中的 Power BI Desktop 应用

2.1.3   注册 Power BI service

Power BI service 目前支持两种注册方式：第一种是企业邮箱账户，第二种是 Office 订阅账户，暂时不支持个人邮箱注册。注册方法如下，登录 Power BI 官方网站，单击"开始免费使用"，如图 2.5 所示。

在新页面下填写相应的邮箱账号，单击"Sign up"（注册）开始注册环节，如图 2.6 所示。

图 2.5 Power BI service 主页（部分）

图 2.6 注册工作邮箱地址

注意，Power BI service 国际版与 Power BI service 国内版，二者为独立的数据环境，互不通用，用户首次注册成功后，可申请免费获取 Power BI Pro 试用许可，有效期为 60 天，过期后月租费用约为 9.99 美元。用户登录 Power BI service 后，可在主页齿轮图标下单击"管理个人存储"查询账户许可类型，如图 2.7 所示。

图 2.7 查询账户许可类型

2.1.4 探索 Power BI Desktop

1. 探索数据转换界面

初次打开 Power BI Desktop，应用会弹出初始界面，单击"登录"按钮，输入注册账户即可，或者单击弹出对话框右上角的"×"，关闭弹出的对话框，如图 2.8 所示。

图 2.8   Power BI Desktop 初始界面

单击 Power BI 中的"转换数据",如图 2.9 所示,可进入 Power Query 模块。

图 2.9   单击可进入 Power Query 模块

图 2.10 所示为 Power Query 主界面,界面分为 4 个主要区域:菜单区①、查询列表区②、查询设置区③、数据视图区④。

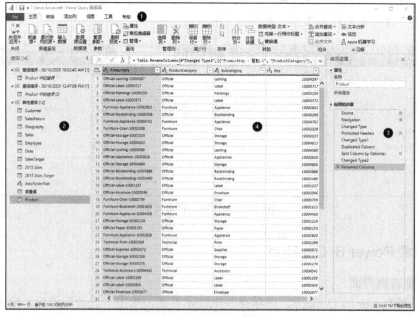

图 2.10   Power Query 主界面

（1）**菜单区**。

File（**文件**）：此处用于关闭 Power Query 或将查询应用至模型中、保存或另存文件、设置选项等，如图 2.11 所示。

图 2.11 File 菜单

主页：包含常用的 Power Query 选项，如管理参数、高级编辑器（直接编写 M 语言代码）等，如图 2.12 所示。

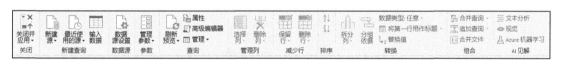

图 2.12 主页菜单

转换：全面的数据转换功能，包括嵌入 R 脚本和 Python 脚本进行数据转换，如图 2.13 所示。

图 2.13 转换菜单

添加列：在已有查询中添加额外的计算列，如图 2.14 所示。

图 2.14 添加列菜单

视图：显示视图方式的选项，如图 2.15 所示。

图 2.15　视图菜单

工具：诊断查询步骤与选项，如图 2.16 所示。

帮助：帮助文档、联系支持和提供社区入口，如图 2.17 所示。

图 2.16　工具菜单

图 2.17　帮助菜单

（2）**查询列表区**。

在 Power Query 中，数据表会自动被转换为查询，查询列表区能提供用于管理查询和函数的核心操作选项，如图 2.18 所示。

图 2.18　查询列表区操作选项

（3）**查询设置区**。

数据准备是一个迭代过程，查询设置用于记录数据准备步骤。用户可单击步骤中的任何一步，对数据准备进行"回放"，单击步骤旁的齿轮图标 ，可对历史准备步骤进行改动，如图 2.19 所示。

（4）**数据视图区**。

本区域用于呈现数据准备的当前结果，其内容受菜单区、查询列表区、查询设置区操作的影响。

图 2.19　单击齿轮图标弹出的操作界面

2. 探索 Power BI Desktop 主界面

关闭 Power Query 界面，切换至 Power BI Desktop 主界面，主界面可分为 7 个区域：菜单区①、视图切换区②、报表区③、筛选区④、可视化栏⑤、字段区⑥、报表分页区⑦，如图 2.20 所示。以下是对各区域中主要功能的介绍。

图 2.20　Power BI Desktop 主界面

（1）菜单区。

文件菜单：显示与报表相关联的常见任务。

新建：新建空白报表。

打开报表：打开现有报表。

获取数据：获取多种数据源的数据。

导入：导入 Power BI 模板文件（不含数据源）、视觉对象。

导出：导出 Power BI 模板文件。

主页菜单：常用的操作功能，如图 2.21 所示。

获取数据：导入不同类型的数据源。

输入数据：支持手动输入或粘贴数据。

刷新：单击可刷新报表中的所有视觉对象来获取最新数据。

新建度量值：手动编写 DAX 表达式，创建新度量。

快度量值：提供无代码式常用计算度量模板，创建度量功能。

发布：将创建完成的报表发布至 Power BI service 工作区。

图 2.21   主页菜单

插入菜单：为画布添加视觉元素，如图 2.22 所示。

问答：可以以自然语言询问有关数据的问题，以创建视觉对象。

关键影响者：向报表添加关键影响因素视觉对象。

分解树：向报表添加分解树视觉对象，可以在多个维度之间实现数据的可视化。

Power Apps：在 Power BI 画布中添加 Power Apps 应用实现集成。

文本框：添加文本框。

按钮：添加按钮，如重置、问答、信息、书签等。

形状：添加椭圆、箭头等形状提高报表可读性。

图像：添加图片加入报表。

图 2.22   插入菜单

建模菜单：建立数据模型的功能操作，如图 2.23 所示。

管理关系：在此处添加、编辑或删除各表之间的关系。

新建列： 可在所选表中创建新列并计算每行值的 DAX 表达式。

新建表： 通过编写 DAX 表达式创建新表。

新建参数： 可以为报表创建参数，以此影响报表数据的筛选结果。

管理角色： 通过编写 DAX 表达式实现行级权限管理功能。

通过以下身份查看： 用于 Desktop 环境下安全角色的测试。

图 2.23　建模菜单

视图菜单： 画布视觉设置操作功能，如图 2.24 所示。

主题： 更改报表主题。

页面视图： 可调整页面大小。

移动布局： 可切换至移动设备布局窗口进行报表设计。

网格线： 显示网格线，以帮助用户手动对齐报表中的对象。

对齐网格： 自动对齐报表中的对象。

锁定对象： 锁定所有对象，以保持对齐。

筛选器： 显示或隐藏筛选器窗格。

书签： 将视图对象、筛选器或交叉突出显示和钻取设置保存为书签视图。

选择： 管理报表书签中对象的可视性和分层顺序。

性能分析器： 评估报表性能并提供具体参数。

同步切片器： 控制报表切片器在不同页面的同步功能。

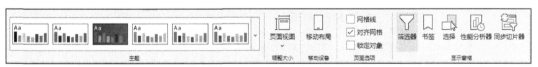

图 2.24　视图菜单

帮助菜单： 版本查阅、社区讨论以及支持功能，如图 2.25 所示。

关于： 可以查看当前 Power BI Desktop 版本。

文档： 微软 Power BI 官方文档。

视频： 查看 Power BI 培训视频。

支持： Pro 许可用户可寻求 Power BI 技术支持。

社区： 微软官方 Power BI 社区平台。

提交观点： 向微软提交功能改进建议。

图 2.25　帮助菜单

外部工具菜单：高级工具栏，外部工具为非默认菜单选项，需预先安装外部第三方工具，升级 Power BI Desktop 至 2020.08 版本，如图 2.26 所示。

ALM Toolkit：应用生命管理工具，用于版本管理。

DAX Studio：DAX 高级编辑工具，提高开发效率。

Tabular Editor：轻量级 Tabular 模型管理工具，提高开发效率。

格式菜单：当选中视觉对象时，该菜单选项可见，该菜单选项用于调整可视化组件之间的交互行为与组件的位置设定，如图 2.27 所示。

编辑交互：更改可视化视觉对象之间的交互方式，包括无、突出显示、筛选等。

对齐：对齐视觉对象位置。

分组：将视觉对象合并为组，方便布局。

图 2.26　外部工具菜单

图 2.27　格式菜单

数据/钻取菜单：当选中视觉对象时，该菜单选项可见。该菜单选项主要提供各类型钻取选项，如图 2.28 所示。

图 2.28　数据/钻取菜单

（2）视图切换区。

报表视图：用于呈现可视化报表的最终效果，所见即所得，如图 2.29 左上方所示。

数据视图：用于查看数据表中的内容，如图 2.29 右上方所示。

关系视图：用于查看与管理数据表之间的关系，如图 2.29 下方所示。

（3）**报表区**：用于设计当前报表可视化的布局与内容。

（4）**筛选区**：包括 3 个级别的筛选器。

此视觉对象上的筛选器：仅作用于当前选择可视化筛选，如图 2.30 中①所示。

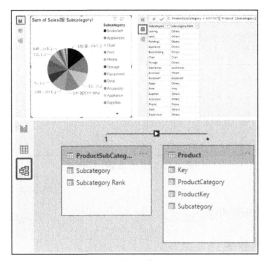

图 2.29　视图切换界面

此页上的筛选器：作用于当前页面中所有可视化筛选，如图 2.30 中②所示。

所有页面上的筛选器：作用于所有页面中所有可视化筛选，如图 2.30 中③所示。

（5）**可视化栏**：可视化栏上半区是可视化组件，用户单击所需要的可视化图标可添加或转化可视化组件；下半区是对所选定的可视化组件和钻取功能的设置选项，如图 2.31 所示。

（6）**字段区**：用于查看所有可见数据表、字段、度量，通过在"搜索"栏输入关键字，我们可筛选相关字段与度量，如图 2.32 所示。

图 2.30　筛选器界面

图 2.31　可视化栏界面

图 2.32　字段区界面

（7）**报表分页区**：报表分页区用于管理报表分页，用户可复制、重命名、删除、隐藏报表页，如图 2.33 所示。

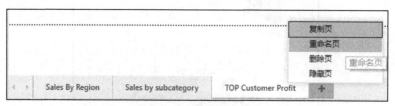

图 2.33　报表分页区界面

2.1.5　探索 Power BI service

1. Power BI service 功能简述

Power BI 是一套软件、云服务与连接相结合的应用。图 2.34 所示为基于微软公司官方白皮书的大型企业级 Power BI 解决方案架构。其中包括 3 个组件：Power BI Desktop（桌面）、Power BI service（服务）与 Power BI Mobile（移动）。

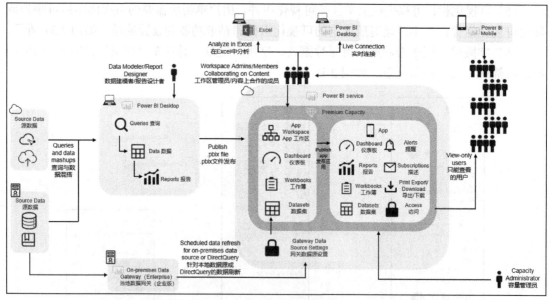

图 2.34　基于微软公司官方白皮书的大型企业级 Power BI 解决方案架构

图 2.35 所示为三者之间的数据流向示意。创建者用 Power BI Desktop 开发完报表后，将报表内容发布至 Power BI service 的工作区，用户可在其上创建仪表板（Dashboard），供移动端或桌面端访问。后文将会对数据流向进行更多的介绍。

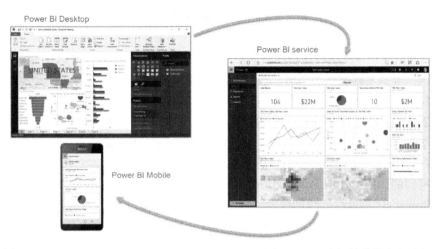

图 2.35 Power BI Desktop、Power BI service、Power BI Mobile 之间的数据流向示意

2. 探索 Power BI service 主界面

（1）**导航栏区：提供各种导航功能。**

主页： Power BI 默认门户界面，如图 2.36 所示。

收藏夹： 被标注收藏的报表。

最近： 最近浏览的报表。

创建： 在 Power BI service 门户创建新的报表。

数据集： 使用或创建数据集。

图 2.36 Power BI service 主界面

应用：查看已经安装的应用（App）或安装新的应用。

与我共享：其他用户分享的报表。

了解：Power BI 教程学习内容。

工作区：类似文件夹作用，可存放与共享报表、仪表板、数据集、应用。用户可设置访问对象的权限。

我的工作区：存放非分享的创建内容。

（2）**学习中心**：与了解功能相同，提供微软官方 Power BI service 入门指南。

（3）**内容中心**：展示最近使用过的报表内容。

（4）**推荐的应用**：使用 Power BI service 门户中推荐的应用。

（5）**Power BI 菜单栏**：包括搜索、提示、设置、下载等功能。

搜索功能：在此输入关键字，搜索相应的创建内容。

提示：提示 Power BI 官方的消息内容。

设置：管理创建内容存储、门户、网关，进行 Power BI service 的设置。

下载：下载最新 Power BI Desktop、数据网关、分页报表 Builder、Power BI Mobile、在 Excel 中分析。

了解与支持：查阅 Power BI 文档、学习资料，进入 Power BI 官方社区，获取微软支持协助。

反馈：提交观点或问题。

配置文件：用户登录或注销，查看账户及购买 Pro 许可。

2.1.6　探索获取数据功能

前文提及 Data Connector 是 Power Platform 中的一个公用组件，目的是连接 Power Platform 与外部数据，Power BI 通过该组件可获取多种类型的数据源，如图 2.37 所示。

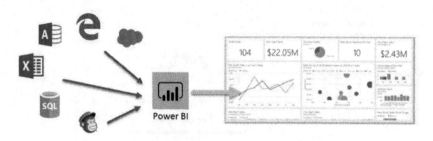

图 2.37　Power BI 可获取多种类型的数据源

在实际工作中，除了接触到 Excel 或 CSV 文件的数据源，我们还会接触到其他类型的数据源。本小节将介绍使用频率比较高的几种获取数据方式。Power BI 的数据接口类型总体分为文件、数据库、Power Platform、Azure、联机服务与其他，如图 2.38 所示。

图 2.38　Power BI 获取数据界面

1. 文件

（1）Excel 与 CSV 数据源。

Excel 与 CSV 数据源是典型的数据接口，常用于单文件的获取，可选择图 2.38 中的 "Excel" 或 "文本/CSV" 获取该类文件，具体方式不赘述。

（2）文件夹类型数据源。

图 2.39 与图 2.40 所示为示例文件内容，数据文件是按省、自治区或直辖市名称划分的。传统 Excel 分数据处理批量文件数据合并操作场景中，用户需要手动逐个打开文件，复制、粘贴文件数据至一张表中。整个过程中容易出错和卡顿，过程也低效。通过文件夹选项，Power Query 将同一文件夹中的若干个格式相同的文件（包括子文件夹）追加成一张数据表。

Name	Status	Date modified
上海.csv	✓	27/10/2016 5:29 AM
云南.csv	✓	27/10/2016 5:30 AM
内蒙古.csv	✓	27/10/2016 5:30 AM
北京.csv	✓	27/10/2016 5:31 AM
吉林.csv	✓	27/10/2016 5:31 AM
四川.csv	✓	27/10/2016 5:31 AM
天津.csv	✓	27/10/2016 5:31 AM
宁夏.csv	✓	27/10/2016 5:32 AM

图 2.39　文件夹中多个 CSV 文件的数据源

	A	B	C	D	E	F	G	H
1	订单编号	经销商ID	经销商名称	客户ID	客户名称	客户省份	下单日期	销售金额
2	SO45290	J005	J005商贸有限公司	30056	上海30056	上海	1/01/2015	33,886
3	SO45316	J005	J005商贸有限公司	29541	上海29541	上海	1/01/2015	2,025
4	SO45327	J005	J005商贸有限公司	29880	上海29880	上海	1/01/2015	12,251
5	SO45329	J005	J005商贸有限公司	29507	上海29507	上海	1/01/2015	62,390
6	SO45358	J005	J005商贸有限公司	23172	上海23172	上海	3/01/2015	3,578
7	SO45410	J005	J005商贸有限公司	14149	上海14149	上海	11/01/2015	3,578
8	SO45412	J005	J005商贸有限公司	23137	上海23137	上海	11/01/2015	3,578
9	SO45451	J005	J005商贸有限公司	29279	上海29279	上海	17/01/2015	3,578

图 2.40　CSV 文件中的数据结构

选择图 2.38 中的"文本夹",单击"连接"按钮,在弹出的文件夹界面中输入文件夹路径,单击"确定"按钮,如图 2.41 所示。

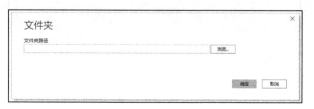

图 2.41　获取文件夹数据界面

在数据界面中会显示所在文件夹内包括子文件夹的所有数据,单击"组合"→"合并并转换数据",如图 2.42 所示。

Content	Name	Extension	Date accessed	Date modified	Date created	Attributes	Folder Path
Binary	上海 .csv	.csv	2021/11/9 20:24:37	2016/10/27 5:29:34	2021/11/9 9:38:07	Record	C:\Users\leiben\OneDrive - BI Disciple\A 培训
Binary	云南 .csv	.csv	2021/11/9 20:24:37	2016/10/27 5:30:16	2021/11/9 9:38:07	Record	C:\Users\leiben\OneDrive - BI Disciple\A 培训
Binary	内蒙古 .csv	.csv	2021/11/9 20:24:37	2016/10/27 5:30:50	2021/11/9 9:38:07	Record	C:\Users\leiben\OneDrive - BI Disciple\A 培训
Binary	北京 .csv	.csv	2021/11/9 20:24:37	2016/10/27 5:31:04	2021/11/9 9:38:07	Record	C:\Users\leiben\OneDrive - BI Disciple\A 培训
Binary	吉林 .csv	.csv	2021/11/9 20:24:37	2016/10/27 5:31:22	2021/11/9 9:38:07	Record	C:\Users\leiben\OneDrive - BI Disciple\A 培训
Binary	四川 .csv	.csv	2021/11/9 20:24:37	2016/10/27 5:31:36	2021/11/9 9:38:07	Record	C:\Users\leiben\OneDrive - BI Disciple\A 培训
Binary	天津 .csv	.csv	2021/11/9 20:24:37	2016/10/27 5:31:52	2021/11/9 9:38:07	Record	C:\Users\leiben\OneDrive - BI Disciple\A 培训
Binary	宁夏 .csv	.csv	2021/11/9 20:24:37	2016/10/27 5:32:10	2021/11/9 9:38:07	Record	C:\Users\leiben\OneDrive - BI Disciple\A 培训
Binary	安徽 .csv	.csv	2021/11/9 20:24:37	2016/10/27 5:32:28	2021/11/9 9:38:07	Record	C:\Users\leiben\OneDrive - BI Disciple\A 培训
Binary	山东 .csv	.csv	2021/11/9 20:24:37	2016/10/27 5:32:48	2021/11/9 9:38:07	Record	C:\Users\leiben\OneDrive - BI Disciple\A 培训
Binary	山西 .csv	.csv	2021/11/9 20:24:37	2016/10/27 5:33:02	2021/11/9 9:38:07	Record	C:\Users\leiben\OneDrive - BI Disciple\A 培训
Binary	广东 .csv	.csv	2021/11/9 20:24:37	2016/10/27 5:33:16	2021/11/9 9:38:07	Record	C:\Users\leiben\OneDrive - BI Disciple\A 培训
Binary	广西 .csv	.csv	2021/11/9 20:24:37	2016/10/27 5:33:32	2021/11/9 9:38:07	Record	C:\Users\leiben\OneDrive - BI Disciple\A 培训
Binary	新疆 .csv	.csv	2021/11/9 20:24:37	2016/10/27 5:33:46	2021/11/9 9:38:07	Record	C:\Users\leiben\OneDrive - BI Disciple\A 培训
Binary	江苏 .csv	.csv	2021/11/9 20:24:37	2016/10/27 5:34:00	2021/11/9 9:38:07	Record	C:\Users\leiben\OneDrive - BI Disciple\A 培训
Binary	江西 .csv	.csv	2021/11/9 20:24:37	2016/10/27 5:34:16	2021/11/9 9:38:07	Record	C:\Users\leiben\OneDrive - BI Disciple\A 培训
Binary	河北 .csv	.csv	2021/11/9 20:24:37	2016/10/27 5:34:30	2021/11/9 9:38:07	Record	C:\Users\leiben\OneDrive - BI Disciple\A 培训
Binary	河南 .csv	.csv	2021/11/9 20:24:37	2016/10/27 5:34:44	2021/11/9 9:38:07	Record	C:\Users\leiben\OneDrive - BI Disciple\A 培训
Binary	浙江 .csv	.csv	2021/11/9 20:24:37	2016/10/27 5:35:00	2021/11/9 9:38:07	Record	C:\Users\leiben\OneDrive - BI Disciple\A 培训
Binary	海南 .csv	.csv	2021/11/9 20:24:37	2016/10/27 5:35:14	2021/11/9 9:38:07	Record	C:\Users\leiben\OneDrive - BI Disciple\A 培训

由于大小限制,已截断预览中的数据。

组合　　加载　　转换数据　　取消
合并并转换数据
合并和加载

图 2.42　获取数据预览

默认情况下,"文件原始格式"为"西欧(Windows)",不支持中文文字的识别,合并文件时会显示乱码,如图 2.43 所示。

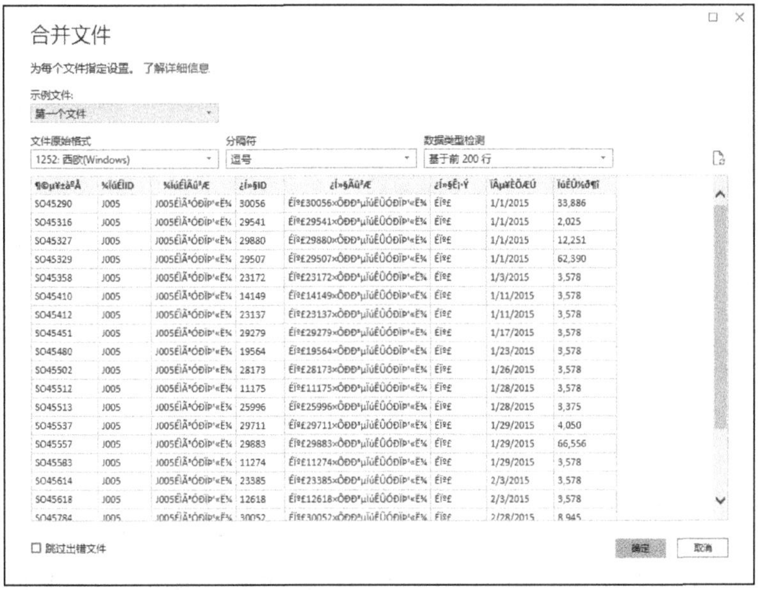

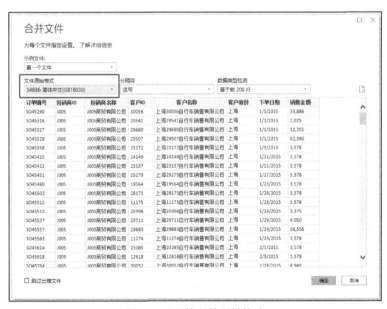

图 2.43　合并文件的乱码问题

解决方法为在"文件原始格式"中选择相应的中文编码即可正确识别中文内容，如图 2.44 所示。单击"确定"按钮完成合并。

图 2.44　调整文件原始格式

合并完成后，单击"客户信息"字段旁的下拉符号，可验证合并的地区信息，如

图 2.45 所示。

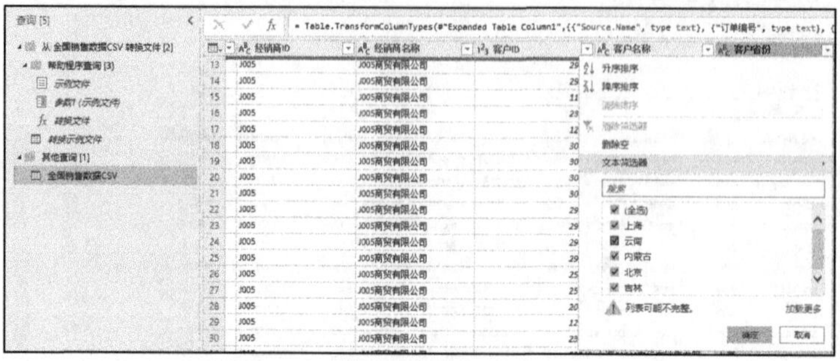

图 2.45　成功合并多个文件

（3）PDF。

相信很多用户希望能将 PDF 格式的非编辑数据表转化成可编辑的结构化数据表，Power BI 支持直接读取 PDF 格式的图表数据，我们在获取数据界面中选择数据源格式为"PDF"进行连接，单击"连接"按钮即可。在导航器中指向 PDF 数据源，本示例 PDF 文件有两个 Page（页面）和两个 Table（表）。Table001 对应的是文档中第一页的表格，Table002 则是第二页的表格，如图 2.46 所示。

图 2.46　获取 PDF 文件的预览

两个 Page 则是 Power BI 将文档中的非表格内容和表格内容一起放置在表格中的，如图 2.47 所示，一般不直接使用 Page。

图 2.47   PDF 中 Page 的预览

　　注意，导入 PDF 格式数据时仅支持识别文档中的文本内容，包括表格、文字等，但不支持识别图片内容。

（4）SharePoint 文件夹。

　　SharePoint 是微软 Office 应用中的一款协助应用产品，SharePoint 文件夹是指将文本数据文件存放在 SharePoint 路径中的数据源，适用于读取 OneDrive for Business 文件夹中的文件内容。选择如图 2.38 所示的"SharePoint 文件夹"选项，单击"连接"按钮，输入文件夹所对应的站点 URL，如图 2.48 所示。

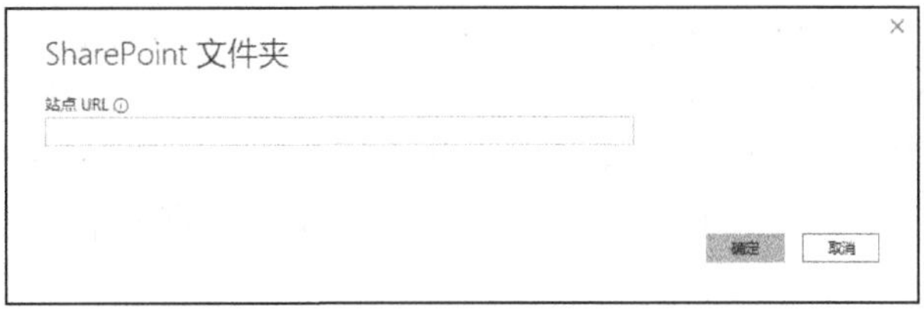

图 2.48   获取 SharePoint 文件夹类型数据

注意，上述输入为站点 URL，而不是文件夹地址。复制网页链接地址的 URL 部分，然后粘贴即可。存放在 SharePoint Online 中的数据如图 2.49 所示。

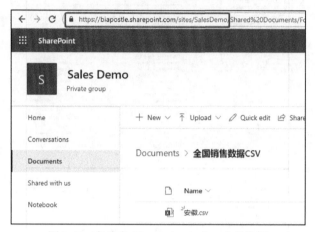

图 2.49 存放在 SharePoint Online 中的数据

初次连接，系统会提示身份验证，输入 Microsoft 账户即可，单击"保存"按钮完成，如图 2.50 所示。

图 2.50 初次连接的身份验证界面

验证成功后可见 SharePoint 文件夹中的内容，如图 2.51 所示。

（5）JSON 文件。

JSON 与 XML 同属半结构化数据类型，数据本身有一定的结构化形式，但数据类型不受约束。图 2.52 所示为 JSON 格式文件示例，一共有 3 条记录，每条 JSON 记录中还有嵌套结构。

选择图 2.38 中的"JSON"类型，单击"连接"。参照图 2.53 中的步骤：先将列表转成表，单击展开图标 将表展开，再次单击展开图标 ，展开表中的嵌套列表，最后单击两个子列表。

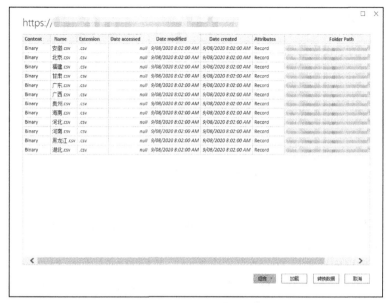

图 2.51 SharePoint 文件夹中的内容

```
1   [
2       {
3         "name": "Meowsy",
4         "species" : "cat",
5         "foods": {
6           "likes": ["tuna", "catnip"],
7           "dislikes": ["ham", "zucchini"]
8         }
9       },
10      {
11        "name": "Barky",
12        "species" : "dog",
13        "foods": {
14          "likes": ["bones", "carrots"],
15          "dislikes": ["tuna"]
16        }
17      },
18      {
19        "name": "Purrpaws",
20        "species" : "cat",
21        "foods": {
22          "likes": ["mice"],
23          "dislikes": ["cookies"]
24        }
25      }
26  ]
```

图 2.52 JSON 格式文件示例

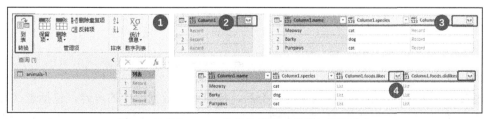

图 2.53 获取 JSON 文件数据并对其进行数据准备

准备好的结构化数据如图 2.54 所示。

	ABC 123 Column1.name	ABC 123 Column1.species	ABC 123 Column1.foods.likes	ABC 123 Column1.foods.dislikes
1	Meowsy	cat	tuna	ham
2	Meowsy	cat	tuna	zucchini
3	Meowsy	cat	catnip	ham
4	Meowsy	cat	catnip	zucchini
5	Barky	dog	bones	tuna
6	Barky	dog	carrots	tuna
7	Purrpaws	cat	mice	cookies

图 2.54   准备好的结构化数据

2. 数据库

数据库包括 SQL Server、PostgreSQL、Access、SAP Business Warehouse 等类型。

（1）SQL Server 数据库。

SQL Server 数据库是常见的一种数据库接口，选择图 2.55 中的"SQL Server 数据库"，单击"连接"。在图 2.56 中可见两种数据连接模式："导入"与"DirectQuery"。"导入"模式为默认选择模式，数据表内容会导入 Power BI pbix 文件，这种模式的优点在于模型运行在内存下，性能最优，缺点是对内存的需求高。"DirectQuery"则不在 pbix 文件中存放数据，所有的查询均指向 SQL，再等待返回结果。"DirectQuery"的缺点是速度比较慢，优点是对前端计算资源要求较低，能容纳相对更大的数据集。

图 2.55   获取数据库类型数据源界面

输入正确的服务器信息，成功验证身份后，便可查看数据库中的内容，包括表（Table）与视图（View），选择数据表导航器界面如图 2.57 所示。企业解决方案中，建议使用视图替代表作为数据源，好处是即使表的结构发生变化，也不会破坏数据源与 Power BI 的连接。

图 2.56 SQL Server 数据库连接设置界面

图 2.57 选择数据表导航器界面

（2）SQL Server Analysis Services 数据库。

SQL Server Analysis Services 属于内存数据库，运行性能更优于 SQL Server。该数据库提供两种连接模式："导入"与"实时连接"。选择"实时连接"模式，相当于把 Power BI

中的模型后置在数据库中，而前端的 Power BI 仅作为数据可视化工具使用，连接设置界面如图 2.58 所示。

图 2.58　SQL Server Analysis Services 数据库连接设置界面

3. Power Platform

Power Platform 是完全基于微软云的数据源，数据源与 Power BI service 无缝衔接，不需要数据网关同步数据。获取 Power Platform 类型数据源界面如图 2.59 所示。

图 2.59　获取 Power Platform 类型数据源界面

（1）Power BI 数据集。

Power BI 数据集是指将建模完成后的数据集发布到 Power BI service 中，该数据集已经定义了表之间的关系、度量、计算列。访问用户可直接连接并使用 Power BI 数据集，进行自助分析探索。在图 2.59 中选择"Power BI 数据集"，单击"连接"按钮。图 2.60 所示为用户有权限访问的数据集，单击任一数据集，再单击"创建"按钮即可获取该数据集。

注意，连接后 pbix 文件不支持修改数据集的内容，也无法查看数据视图，但支持创建报表层级度量，如图 2.61 所示。

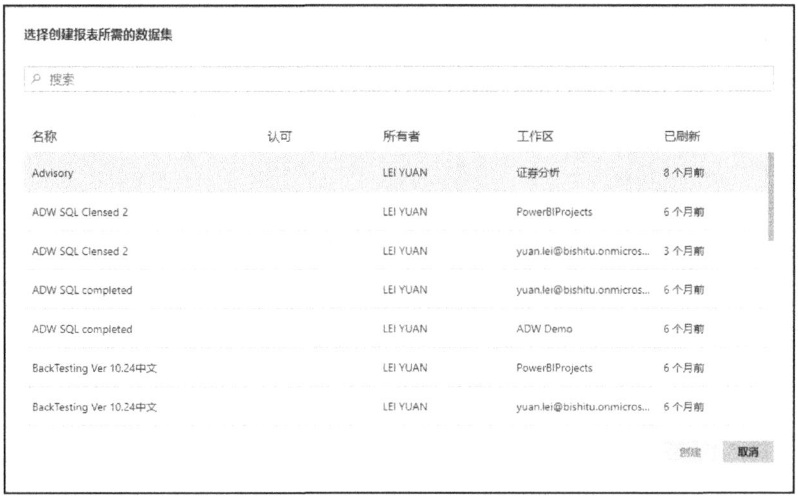

图 2.60　获取 Power BI 数据集界面

图 2.61　Power BI 数据集支持创建报表层级度量

（2）Power BI 数据流。

Power BI 数据流好比在线 Power Query 的作用，支持在线分享准备好的数据，而不需要每个用户独自完成数据准备，能大大提高效率。在图 2.59 中选择"Power BI 数据流"，单击"连接"按钮，然后输入账户验证，单击"连接"按钮，如图 2.62 所示。

图 2.62　Power BI 数据流登录验证界面

在导航器中可见有访问权限的数据流，可勾选并获取所需要的数据，如图 2.63 所示。

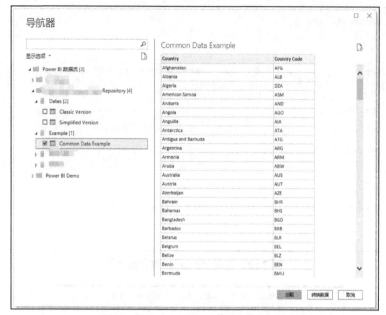

图 2.63　Power BI 数据流导航器界面

（3）Common Data Service 和 Dataverse。

前文已经介绍过 Dataverse 与 Common Data Service 是同一类事物，是一种在线的数据库服务应用。Power BI 支持直接连接 "Common Data Service" 或者 "Dataverse" 数据实体，进行数据分析。在图 2.59 中选择 "Common Data Service（旧版）" 或者 "Dataverse"，单击 "连接" 按钮，然后输入服务器 URL，单击 "确定" 按钮完成连接，如图 2.64 所示。

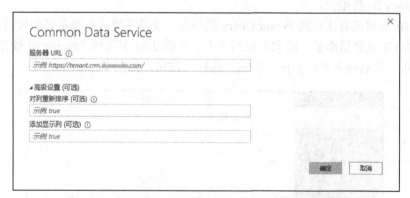

图 2.64　获取 Common Data Service 类型数据设置界面

也可直接登录 Power Apps 官网在 "实体" 菜单中单击 "在 Power BI 中分析"，直接创建连接，如图 2.65 所示。

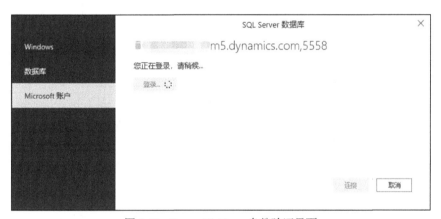

图 2.65　从 Dataverse 中连接 Power BI Desktop

Power Platform 身份验证界面会显示 Dataverse URL：××××.dynamics.com,5558，单击"连接"按钮完成连接，如图 2.66 所示。

图 2.66　Power Platform 身份验证界面

4. Azure

近年来，Azure Data Services 已经走进越来越多的企业与个人业务当中，其中当然少不了微软公司的 Azure 云。目前 Power BI 中提供的 Azure 云分为以下三大类型。

（1）数据库类型，包括 Azure Analysis Services 数据库、Azure SQL 数据库等。

（2）Azure Blob 存储、Azure Data Lake Storage Gen1、Azure Data Lake Storage Gen2 等连接。

（3）Azure SaaS 服务，如 Azure 成本管理。

获取 Azure 类型数据界面如图 2.67 所示。

Azure Blob 存储是经典的非数据库数据源，用户登录 Azure 后，找到相应的 Blob 存储账户，在"访问密钥"下将"存储账户名称"与"密钥"复制至记事簿中，如图 2.68 所示。

在图 2.67 中选择"Azure Blob 存储"，单击"连接"按钮。将上面复制的"存储账户的名称"粘贴到 Azure Blob 存储"账户名或 URL"中，单击"确定"按钮，如图 2.69 所示。

图 2.67 获取 Azure 类型数据界面

图 2.68 获取存储账户名称与密钥

图 2.69 获取 Azure Blob 存储类型数据界面

在验证账户密钥界面中，粘贴"账户密钥"，单击"连接"按钮，完成连接设置，如图 2.70 所示。

图 2.70　验证账户密钥界面

5. 联机服务

联机服务指连接 SaaS 或 PaaS 在线服务平台，Power BI 支持直接与联机服务数据源连接，无须同步数据网关获取联机服务数据类型界面如图 2.71 所示。

图 2.71　获取联机服务数据类型界面

与之前介绍的 SharePoint Online 文件夹有别，SharePoint Online 列表存放的为结构化表格数据。在图 2.71 中选择"SharePoint Online 列表"，单击"连接"按钮。在图 2.72 中，填入站点 URL，单击"确定"按钮，如图 2.72 所示。

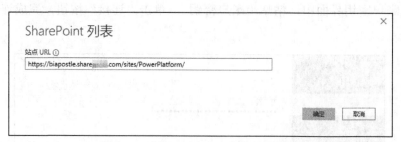

图 2.72 连接 SharePoint 列表设置界面

在弹出的导航器中，可见站点以下所有的列表，可根据需要勾选列表，如图 2.73 所示。

图 2.73 数据表导航器界面

单击"转换数据"后，列表中不仅包括默认数据字段，还包括元数据字段，用户可对其进行筛选。成功获取数据后的界面如图 2.74 所示。

ABC 123 Title	ABC 123 ComplianceAssetId	ABC 123 Make	ABC 123 cyl	ABC 123 disp	ABC 123 ID.1
Mazda RX4	null	21	6	160	1
Mazda RX4 Wag	null	21	6	160	2
Datsun 710	null	22.8	4	108	3
Hornet 4 Drive	null	21.4	6	258	4
Hornet Sportabout	null	18.7	8	360	5
Valiant	null	18.1	6	225	6

图 2.74　成功获取数据后的界面

6. 其他

（1）Web。

Web 类型支持连接任何网页地址，包括网页内容和网页文件。Web 接口除了可用于连接网络数据，也可用于连接 SharePoint Online 单文件。

- **一般网页。**

选择图 2.75 中的"Web"，单击"连接"，转到如图 2.76 所示界面。

图 2.75　获取其他类型数据界面

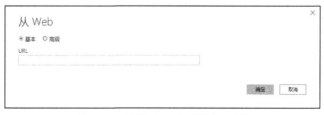

图 2.76　获取 Web 类型数据界面

在弹出的导航器中，勾选对应的表内容，单击"转换数据"按钮，如图 2.77 所示。

图 2.77   预览数据界面

进入 PowerQuery 界面后，我们便可对获取数据进行下一步的处理，如图 2.78 所示。

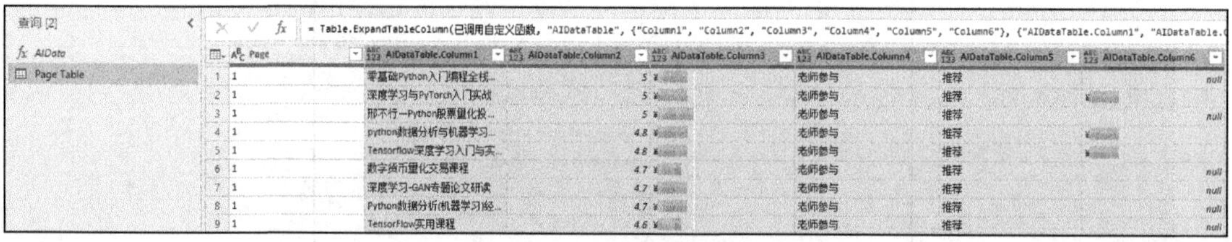

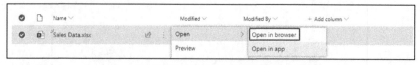

图 2.78   导入数据界面

- **SharePoint** 网页。

参照图 2.79，在 SharePoint Online 中选中目标文件，单击 ⋮ → "Open" → "Open in browser"。

图 2.79   选中 SharePoint Online 中的文件

在打开 Excel 文件后，在菜单中选择"信息"→"将路径复制到剪贴板"，如图 2.80
所示。

图 2.80　获取文件路径

观察粘贴的如下 URL，将"?web=1"的部分删除后，剩余的 URL 就是文件路径。
https://×××.sharepoint.com/sites/PowerPlatform/SalesDemo/Sales%20Data.xlsx?web=1
将剩余的 URL 粘贴到如图 2.76 所示的文本框中，完成连接。

（2）Python 脚本。

Python 是数据分析中常见的分析工具之一，Power BI 支持读取 Python Dataframe 数据，
两者结合使用效果更显著。选择如图 2.75 所示的"Pyhon 脚本"，单击"连接"，在 Python
脚本编辑界面输入脚本，如图 2.81 所示。

图 2.81　Python 脚本编辑界面

在导航器中可见 Python 脚本产生的数据集，勾选后单击"加载"，完成获取，如图 2.82
所示。

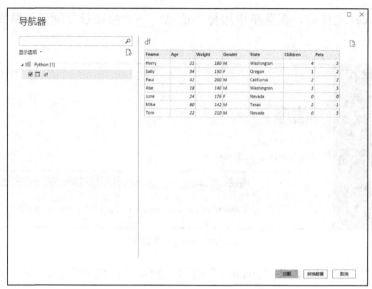

图 2.82 Python 脚本产生的数据集

2.2 DAX 分析语言

2.2.1 DAX 运算原理

1. 函数分类

DAX 函数是 Power BI 的核心组件之一,可以说没有 DAX 函数就没有 Power BI 存在的可能。目前的 DAX 函数分为 13 个大类,如图 2.83 所示。

图 2.83 DAX 函数分类参考示例

但你完全没有必要为数量众多而生畏，因为许多 DAX 函数与 Excel 函数用法一致，如财务函数、日期和时间函数、数学和三角函数和部分的统计函数，如图 2.83 所示。DAX 中最为核心的是以 CALCUATE 为代表的筛选器函数，你越熟练掌握筛选器函数，你的数据分析操作能力就越强。除此之外，时间智能函数也是 DAX 的一个重要功能集。后文会针对这两大模块函数展开介绍。关于学习 DAX 函数的方式，没有必要一次性掌握所有函数知识，只需要掌握核心函数，遇到疑惑时可以随时查阅在线文档，随学随用。关于更多 DAX 函数详情，可参阅本书电子教学材料 DAX 函数表。

2. 计算列与度量

从计算方式而言，DAX 函数又可以分为两大类：计算列（Calculated Columns）与度量（Measure），表 2.1 列举了二者的主要区别。

表 2.1　计算列与度量的主要区别

	计算列（字段）	度量
应用	基于行上下文的计算，用于列数据整理或者辅助列	基于筛选上下文进行列计算
计算方向	横向计算	纵向计算
计算结果	静态	动态（根据上下文转变）
例子	X 列 −Y 列、LEFT()	SUM 销售额
资源消耗	消耗磁盘空间与内存	仅使用时消耗内存

计算列函数与 Excel 函数一致，但性能方面并不占优势，数量庞大的计算列会降低模型的性能。因此，在既可以使用计算列又可以使用度量的情况下，一般优先使用度量，如果需要使用计算列，必须清楚是什么原因不能使用度量替代。注意：度量为列计算逻辑，而计算列为行计算逻辑，列计算与计算列并不相同。

3. 行上下文 vs. 筛选上下文

什么是上下文？比如朋友说今晚"吃鸡"，如果此刻你们在餐厅，那你会理解他想点份鸡肉；如果此刻你们在玩手机，那你会理解他想玩游戏，这就是上下文的通俗比喻。在 DAX 语境中，上下文指根据当前所处环境 DAX 运行的逻辑。DAX 上下文分为两种：行上下文（Row Context）和筛选上下文（Filter Context）。

（1）行上下文。

行上下文比较容易理解，即进行"当前"行的操作。例如，虽然在如图 2.84 所示公式中没有指定具体行数，但 Excel 只对"当前行"进行求和运算，图中的"@"符号表示其为 Excel 表。本质上，Excel 表与 Power BI 中的计算列的运算原理都是依据行上下文操作的。

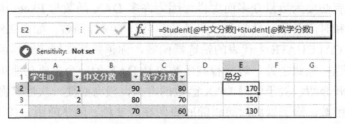

图 2.84   Excel 中的计算列

（2）筛选上下文。

筛选上下文是指所有作用于 DAX 度量的筛选。笔者将其筛选逻辑分为 3 个筛选层次，帮助读者更容易理解筛选上下文，如图 2.85 所示。

外部筛选：任何存在于可视化层级的上下文筛选，包括任何可视化图表、视觉级、页面级和报表级筛选器。外部筛选通过外部可视化操作对度量进行筛选操作。外部筛选也称为隐性筛选，筛选设置不依存在度量中。

DAX 筛选：指 DAX 函数内部自身的筛选设置。例如，CALCULATE 函数中的 FILTER 参数就是典型的 DAX 筛选。通过 FILTER 定义的筛选条件，可覆盖外部筛选的结果。DAX 筛选也被称为显性筛选，因为其筛选条件直接依存于函数自身。

关联筛选：通过表之间的关联关系进行查询传递，DAX 中的 USERELATIONSHIP 语句就是一个很好的例子，关联方式会改变外部筛选和 DAX 筛选的结果。

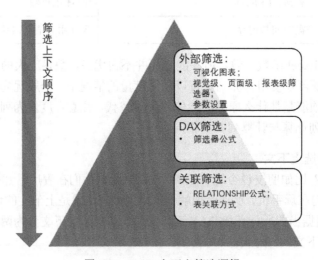

图 2.85   DAX 上下文筛选逻辑

通过筛选上下文功能，DAX 可将查询范围缩小至筛选条件的子集表的上下文中，再完成聚合计算。

2.2.2 DAX 重要函数

1. 筛选器函数

（1）**CALCULATE**：该函数需与其他函数配合使用，在指定筛选器修改的上下文中计算表达式的值。

语法：CALCULATE(<表达式>,<筛选条件 1>,<筛选条件 2>…)

示例：`Sales France =`

```
CALCULATE (
    SUM ( 'FactSales'[SalesAmount] ),
    FILTER ( Geography, Geography[CountryRegionName] = "France" )
)
```

解释：求法国的销售总金额，第一个参数为聚合方式，第二个参数是 FILTER 公式所返回的地理表，有关联筛选的作用。没有 DAX，则没有 Power BI；没有筛选器函数，则没有 DAX；没有 CALCULATE，则没有筛选器函数。毫不夸张地说，CALCULATE 是 DAX 中最重要的函数之一。CALCULATETABLE 与 CALCULATE 用法相似，但返回结果为表。

（2）**FILTER**：返回表是另一个表或表达式的子集的表。FILTER 常与 CALCULATE 配合使用，如上文例子所示。单独使用方法如下。

语法：FILTER(<表>,<筛选条件>)

示例：`France Geography =`

`FILTER ( Geography, Geography[CountryRegionName] = "France" )`

解释：FILTER 返回了所有 " " CountryRegionName " 字段为 "France " 的集合表。

（3）**ALL**：去除指定表或列上应用的筛选器，让表或者列中的所有数据都参与计算。

语法：ALL([<表> | <列>[, <列>[, <列>[,…]]]])

示例：`Absolute Amount% =`

```
DIVIDE (
    SUM ( FactSales[Amount] ),
    SUMX ( ALL ( FactSales ), FactSales[Amount] )
)
```

解释：示例创建了一个命名为 "Absolute Amount%" 的度量值，用于计算产品的销售额占比。假设用 "Product" 列作为筛选上下文条件，要计算各产品销售额占总销售额的占比，则需要在该表上获得所有产品销售总额。实现此目的必须去除筛选上下文。在此我们借助 ALL 函数，去除 "FactSales" 表 "Amount" 列的所有筛选器，以获取全部销售额数据汇总。

（4）**AllEXCEPT**：用于删除表中除了指定列以外的所有筛选器，也可用于保留指定列或起筛选作用。

语法：ALLEXCEPT(<表>,<列名>[,<列名>[,…]])

示例: Customer Potential =

```
IF (
    CALCULATE (
        SUM ( Sales[Sales Amount] ),
        ALLEXCEPT ( Customer, Customer[CustomerKey] )
    ) < 1000,
    "Low",
    "High"
)
```

解释: 以顾客消费额是否大于 1000 元作为标准, 对顾客消费潜力进行分类。为实现此功能, 公式首先用 AllEXCEPT 删除了除 CustomerKey 列以外, 在 Customer 表里所有的筛选器。然后用 SUM 计算顾客消费额, 之后用 IF (是否小于 1000 作为条件) 来区分顾客消费潜力的高低。

（5）**ALLSELECTED**: 用于在当前查询里去除行列中的筛选器, 同时保留上下文和显式筛选器。ALLSELECTED 可用于计算查询中去除行列筛选器的视觉对象。

语法: ALLSELECTED([<表名> | <列名>[, <列名>[, <列名>[,…]]]])

示例: Proportion% =

```
DIVIDE (
    'Sales'[Sales Amount],
    CALCULATE ( 'Sales'[SalesAmount], ALLSELECTED ( 'Product'[Subcategory] ) )
)
```

解释: ALLSELECTED 用于在外部筛选后, 按照产品类别 (Category) 来计算产品子类别 (Subcategory) 的销售额 (Sales Amount) 百分比。公式逻辑为先使用 ALLSELECTED 去除 Subcategory 列的筛选器, 然后用 CALCULATE 计算 Subcategory 的销售总额, 最后用 DIVIDE 计算 Subcategory 的销售总额占 Category 的百分比。

（6）**LOOKUPVALUE**: 返回满足条件指定的行的值。

语法: LOOKUPVALUE (<结果列>, <搜索列>,<搜索值> [, <搜索列 2>, <搜索值 2>]…[, <可选值>])

示例: ProductSales =

```
LOOKUPVALUE ( 'Product'[ProductKey], Sales[ProductKey], 'Sales'[SalesAmount] )
```

解释: LOOKUPVALUE 函数从 Product 表中查找 ProductKey, 然后在 Sales 表中搜索 ProductKey 作为匹配项, 匹配完成后将 Sales 表中的 SalesAmount 作为搜索结果传入。

（7）**SELECTEDVALUE**: 当指定列中过滤为一个值时返回该值, 否则返回备选结果。省略备选结果时返回空值。

语法: SELECTEDVALUE(<列名>[, <返回值>])

示例: Product Category := SELECTEDVALUE ('Product'[Category])

解释: 此处创建了一个度量值 Product Category, 在产品表 Product 中, 产品分类列只有一个非重复值时返回该值，否则返回空。

2. 时间智能函数

（1）**TOTALYTD**：计算表达式的从年初至今的值。

语法：TOTALYTD(<表达式>,<日期列>[,<筛选器>][,<结束日期>])

示例：Overall Sales =

TOTALYTD (SUM ('FactSales'[SalesAmount]), 'Date'[Date])

解释：示例公式创建了一个度量，用于计算销售额从年初至今累计的"年度总和"。第一个参数是需要被计算的列，即销售额，第二个参数是日期列。

（2）**DATEADD**：用于使日期列向前或向后移动指定的日期数。

语法：DATEADD(<日期列>,<间隔数>,<间隔>)

示例：PreviousYear Sales =DATEADD ('Date'[Date], -1, YEAR)

解释：DATEADD 返回 Date 表中 Date 列前一年的日期，第一个参数是需要被移动日期的列，第二个参数是需要减去的日期，即一年，第三个参数是日期的单位，在此处是"年"。

（3）**DATESBETWEEN**：返回一个指定开始日期和结束日期且连续的日期列。

语法：DATESBETWEEN(<日期列>, <开始日期>, <结束日期>)

示例：Number of Customers = CALCULATE (
    DISTINCTCOUNT (Sales[CustomerKey]),
    DATESBETWEEN ('Date'[Date], 2014, 2015)
)

解释：该示例用于计算 2014 年到 2015 年有消费记录的顾客数量。首先用 DATESBETWEEN 函数返回日期范围，即 2014 年 1 月 1 日至 2015 年 12 月 31 日。然后使用 DISTINCTCOUNT 计算 CustomerKey 里面唯一值的数量。

（4）**DATESINPERIOD**：返回一个包含以指定起始日开始的日期列，并以指定的间隔日延续的表。

语法：DATESINPERIOD(<日期>,<开始日期>,<间隔日>,<日期间隔>)

示例：Sales =

CALCULATE (
    SUM (Sales[SalesAmount]),
    DATESINPERIOD (Date[Date], DATE (2015, 09, 29), -21, DAY)
)

解释：该公式返回 2015 年 9 月 29 日之前的 21 天的销售量。首先使用 DATESINPERIOD 返回从 2015 年 9 月 29 日开始，前 21 天的销售数据。第一个参数是被用于计算的日期列，第二个参数是指定的开始日期 2015 年 9 月 29 日，第三个参数是间隔日（21 天），第四个参数是间隔单位（日）。然后使用 SUM 得出 21 天的销售总额，再用 CALCULATE 计算前 21 天的销售收入。

3. 表操作函数

（1）**SUMMARIZE**：返回一个表，包含分组类别列和汇总列。

语法：SUMMARIZE(<表>, <分组名>[, <分组名>]…[, <汇总列名>, <表达式>]…)

示例：YearSum =SUMMARIZE (

```
ResultSheet,
DimDate[CalendarYear],
DimProduct[SubCategory],
"Sales Amount", SUM ( FactSales[SalesAmount] ),
"Discount Amount", SUM ( FactSales[Discount] )
)
```

解释：返回按年份和产品子分类分组的销售额汇总，通过此结果表可以按年份和产品类别分析销售状况。SUMMARIZE 第一个参数是存放返回结果的结果表（ResultSheet）。第二个参数是分组依据，分别是年份（CalendarYear）和产品子分类（SubCategory）。

（2）**VALUES**：用于删除表或列中的重复值，使用该公式仅会返回列或表。

语法：VALUES(<表名或列名>)

示例：Number of Product = COUNTROWS (VALUES ('Sales'[ProductKey]))

解释：计算仅销售一次的产品的总数。VALUE 删除了参数 ProductKey 列内的重复值，并返回其唯一值。

（3）**TOPN**：可以批量返回结果，从一张表中返回所有满足条件的前 N 行记录。

语法：TOPN(<返回行的数量>, <表>, <排序表达式（可选可重复）> [, <排序方式（可选可重复）>, [<排序表达式>]]…])

示例：Top10Sales = TOPN (10, Product, Product[SalesAmount])

解释：示例创建了一个度量值 Top10Sales，用于返回销售额前十的产品。第一个参数 10 是指需要返回 10 行。第二个参数 Product 是用于记录返回行的表。第三个参数是用来排序的表达式，即 Product 表里的 SalesAmount 列。第四个参数是可选的，用于指定第三个参数值的排序方式，表示降序用 0 或 FALSE（默认值），表示升序用 1 或 TRUE。

（4）**DATATABLE**：返回一个指定数据类型和内容的表。

语法：DATATABLE (列名 1, 数据类型 1, 列名 2, 数据类型 2…, {{值 1, 值 2…}, {值 N, 值 N+1…}…})

示例：New_Table =

```
DATATABLE (
    "Name", STRING,
    "Region", STRING,
    {
        { " Rose", "East" },
        { " Lily", "East" },
        { " Tom", "West" },
```

```
        { " Ben", "West" },
        { " Jack", "East" }
    }
)
```

解释：示例中我们通过 DATATABLE 公式建立了一个表。DATATABLE 第一个参数是需要新建的列名（Name），第二个参数是新建列的数据类型（字符串 STRING），第三个参数是填入列的内容。

（5）**ADDCOLUMNS**：返回包含原始列和所有新添加列的表。

语法：ADDCOLUMNS(<表>, <列名>, <DAX 表达式>[, <列名>, < DAX 表达式>]…)

示例：Sum = ADDCOLUMNS (

```
    'Product',
    "NumSubcategory", CALCULATE ( COUNTROWS ( Subcategory ) ),
    "NumProducts", CALCULATE ( COUNTROWS ( ProductKey ) )
)
```

解释：创建了一个度量值，计算了每个产品类别下的子类别数量和对应产品的数量。ADDCOLUMNS 第一个参数是需要被添加列的表 Product。第二个参数是在 Product 表里新建列的列名，此处新增了 NumSubcategory 列和 NumProducts 列。第三个参数是使用 CALCULATE 这一 DAX 表达式计算各子品类的数量和产品数量。

2.3　创建可视化报表

2.3.1　数据分析方法论

本小节内容将演示用 Power BI 完成自助式创建可视化报表的过程。但在正式开始之前，我们有必要简单了解数据分析方法论。图 2.86 所示为 CRISP-DM 跨行业数据挖掘标准流程模型。该模型具有普遍性，适用于不同的开发报表情景。模型外围的圆圈表示流程可周而复始地不断自我迭代，增量开发新的需求。关于该模型的 6 个步骤分别如下。

（1）**商业理解（Business Understanding）**：要解决什么商业分析问题；

（2）**数据理解（Data Understanding）**：有什么数据可以支持分析；

（3）**数据准备（Data Preparation）**：准备结构化数据并导入；

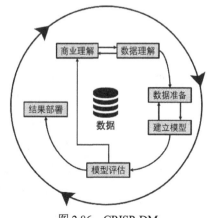

图 2.86　CRISP-DM

（4）**建立模型（Modeling）**：建立数据表关系、度量和字段；

（5）**模型评估（Evaluation）**：评估数据模型是否满足分析需求；

（6）**结果部署（Deployment）**：将开发应用部署分享。

虽然说 CRISP-DM 具有普遍性和学术性，但对于无分析背景的用户，像"数据准备"和"模型评估"这类词还是稍显陌生。

图 2.87 所示为 Power BI 可视化分析流程，更为通俗易懂，也更加贴近 Power BI 的开发步骤。

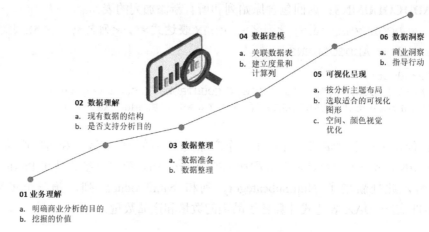

图 2.87　Power BI 可视化分析流程

无论是 CRISP-DM 还是 Power BI 可视化分析流程，二者的核心思想都是高度一致的：开发结果必须满足业务分析的需求，否则分析结果可能背离分析需求。因篇幅限制，本书重点介绍数据整理、数据建模两个步骤，而对业务理解与数据理解只进行如下简练的铺垫。

在业务理解这个环节，我们设想分析业务的需求方为市场部业务人员，分析的主题为产品类型分析与客户分析。分析目标为产品子类销售排名与利润占比及 VIP 客户利润占比。数据理解如表 2.2 所示。

表 2.2　产品的数据理解

表名称	数据介绍	数据表类型
DimCustomer	包含客户信息	维度表
DimDate	包含日期信息	维度表
DimEmployee	包含雇员信息	维度表
DimProduct	包含产品信息	维度表
FactSales	包含销售事实信息	事实表
FactSalesReturn	包含销售退货信息	事实表
SalesTarget	包含销售目标信息	事实表

注意，维度表指质化数据，如时间、产品、地理等数据，是对数据进行描述的数据，又称为主数据（Master Data）。事实表指量化数据，如销售金额等可衡量的数据。

2.3.2 数据整理

在以下数据整理过程中，我们将对数据集进行如图 2.88 所示的整理。

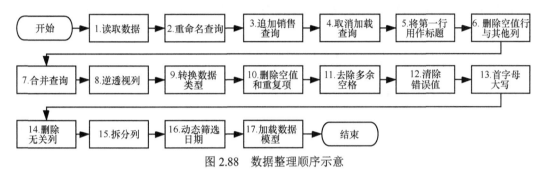

图 2.88 数据整理顺序示意

1. 读取数据

从功能区中选择"开始"→"获取数据"，选择"Excel"选项，单击后会打开一个新窗口。选择数据源文件，单击"打开"，在弹出的导航器界面中选择 Excel 工作簿中所需的 8 个工作表，如图 2.89 所示。注意，导航器显示选项中上面 8 个图标为工作表，下面 10 个图标为工作簿，此处工作表和工作簿均指向相同的数据内容。

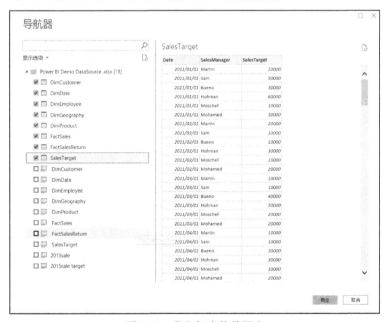

图 2.89 获取相应的数据表

2. 重命名查询

我们观察到多数数据表都以"Dim"或"Fact"开头（见图 2.89），分别代表维度表和事实表。对于最终使用者，他们也许根本不在意所谓维度表、事实表的区别，因此，我们可在此处简化名称。

选择需要重命名的查询，右击后选择"重命名"，输入简化名称，如图 2.90 所示。也可以直接双击查询，然后直接输入需要更改的名字。修改后的表名称如图 2.91 所示。

图 2.90　重命名表名称　　　　　　图 2.91　修改后的表名称

3. 追加销售查询

我们已经导入 2011～2014 年的销售数据表，假设随着日期推移，之后产生了 2015 年的销售数据，我们则可以将 2015 年与之前的数据进行追加，使之成为一张数据表，也就是"纵向"合并。重复刚才读取数据的操作，再加载需要追加查询的"2015 Sales"表，如图 2.92 所示。

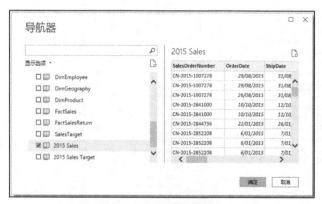

图 2.92　追加新的数据表

选中"2015 Sales"表，在 Power Query 编辑器的"主页"菜单中单击"追加查询"，如图 2.93 所示。注意，用户使用追加操作时应注意追加表与目标表的数据结构应保持一致。

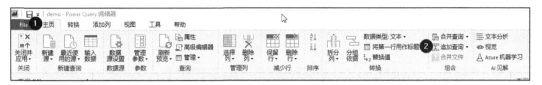

图 2.93 追加查询操作

在"追加"导航窗格中,选择需要追加的表"2015 Sales",单击"确定"按钮,如图 2.94 所示。完成追加操作后,原"Sales"表中数据包括 2011～2015 年销售数据。

4. 取消加载查询

由于我们已经将"2015Sales"表追加到"Sales"表,而原有的"2015 Sale"仅作为中间加载表存在而已,不需要存在于数据模型中。于是在此右击"2015 Sale",取消勾选"启用加载"命令,如图 2.95 所示。

图 2.94 选择需要追加的表

图 2.95 取消勾选"启用加载"命令

5. 将第一行用作标题

单击"SalesTarget"查询,可见列标题均以 Column 开头,如图 2.96 所示。

	ABC 123 Column1	ABC 123 Column2	ABC 123 Column3	ABC 123 Column4	ABC 123 Column5
1	null	1/01/2011	1/02/2011	1/03/2011	1/04/2011
2	Bueno	30000	10000	40000	30000
3	Hohman	60000	30000	50000	30000
4	Martin	10000	20000	10000	10000
5	Mohamed	30000	20000	20000	20000
6	Moschell	10000	10000	20000	10000
7	Sam	50000	10000	10000	10000
8	null	null	null	null	null
9	null	null	null	null	null
10	null	null	null	null	null

图 2.96 没有标题的原始表

在菜单中单击"将第一行用作标题"命令，然后在弹出的对话框中单击"确定"按钮，如图 2.97 所示。

图 2.97　提升第一级标题

6.　删除空值行与其他列

"SalesTarget"查询中还有空值行，它们需要被删去。单击任一列旁的 图标，选择"删除空"命令，如图 2.98 所示。

单击第一列后按住 Ctrl+Shift 键，单击最后的日期列（2014/12/1），选择所有需要保留的列。

单击"主页"→"删除列"→"删除其他列"，如图 2.99 所示。

图 2.98　删除空值行

图 2.99　删除其他列

7.　合并查询

因为表结构不相同，对于销售目标，我们无法采取之前对销售表的追加操作。但我们可以使用合并操作，将两张表横向合并为一张表。首先参照图 2.89 步骤导入"2015 Sales Target"查询，再准备该查询，导入的新表如图 2.100 所示。

选中目标表"SalesTarget"，单击"主页"→"合并查询"，如图 2.101 所示。

选择 Column1 作为匹配列。确保选中"SalesTarget"查询的"Column1"和"2015 Sales Target"查询的"Column1"，单击"确定"按钮，如图 2.102 所示。

#	Column1	1²₃ 2015/1/1	1²₃ 2015/2/1	1²₃ 2015/3/1	1²₃ 2015/4/1
1	Bueno	50000	100000	120000	120000
2	Hohman	30000	70000	160000	70000
3	Martin	30000	40000	20000	30000
4	Mohamed	50000	30000	70000	50000
5	Moschell	20000	20000	20000	20000
6	Sam	70000	50000	70000	70000

图 2.100　导入的新表

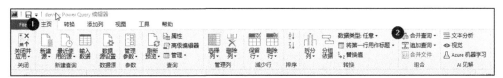

图 2.101　合并查询销售目标

图 2.102　以 Column1 为匹配列

完成后，"SalesTarget"查询中将出现新列"2015sale target"，合并后的表如图 2.103 所示。

查询 [10]			ABC₁₂₃ 2014/9/1	ABC₁₂₃ 2014/10/1	ABC₁₂₃ 2014/11/1	ABC₁₂₃ 2014/12/1	2015sale target
Customer		1	140000	120000	120000	120000	90000 Table
Product		2	200000	120000	140000	100000	160000 Table
SalesReturn		3	50000	10000	20000	30000	70000 Table
Geography		4	40000	100000	220000	50000	50000 Table
Sales		5	20000	30000	10000	30000	50000 Table
Employee		6	100000	80000	90000	80000	80000 Table
Date							
SalesTarget							
2015sale							
2015sale target							

图 2.103　合并后的表

单击新列"2015sale target"列的展开图标 ，取消勾选"Column1"和"使用原始列名作为前缀"，单击"确定"按钮，如图 2.104 所示。

图 2.104   展开合并表中的内容

在成功合并的结果中显示了 2015 年的销售目标数据，如图 2.105 所示。

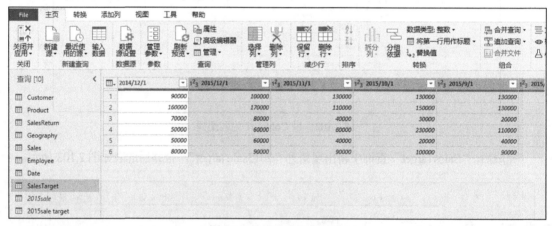

图 2.105   成功合并的结果

8. 逆透视列

在"SalesTarget"查询中，销售目标数据是以二维透视表的格式存在的，这不利于数据的存储与分析使用。因此我们需要对数据进行逆透视操作，将二维的数据格式转换成一维数据格式。首先将"Column1"列名改为"Managers"并选中该列，单击"转换"→"逆透视列"→"逆透视其他列"，如图 2.106 所示。

图 2.106　逆透视操作

完成逆透视后，重命名逆透视列为"Date"和"SalesTarget"，同时双击 Mangers 字段，改名为 SalesManager，如图 2.107 所示。

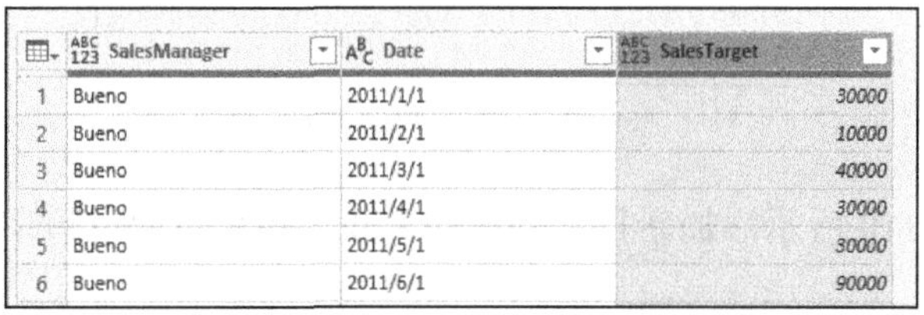

	SalesManager	Date	SalesTarget
1	Bueno	2011/1/1	30000
2	Bueno	2011/2/1	10000
3	Bueno	2011/3/1	40000
4	Bueno	2011/4/1	30000
5	Bueno	2011/5/1	30000
6	Bueno	2011/6/1	90000

图 2.107　对逆透视列进行重命名

9. 转换数据类型

当连接到 Excel 文件时，Power BI 可以通过检查表内的值来自动检测数据类型。但是为了确保数据格式规范，建议人工检查数据格式是否正确。如果不正确，可以从功能区中选择"主页"→"数据类型"来转换数据类型。在"Date"查询中，我们发现"Date"列是文本/值格式，可从功能区中选择"主页"→"数据类型"→"日期"来转换数据类型，如图 2.108 所示。

图 2.108　转换数据类型

转换完成后可以看到 "Date" 列标题左侧图标更换为日期类型，如图 2.109 所示。

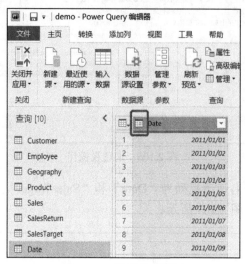

图 2.109   日期类型图标

另外，参照图 2.110 所示添加新日期列操作，我们还可以提取日期值中的年、季度、月等信息。

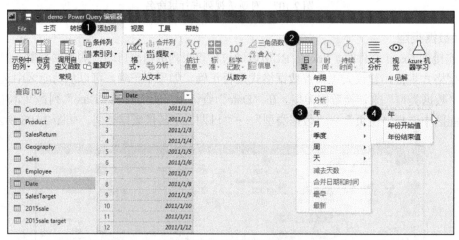

图 2.110   添加新日期列

提取完成并对新建列重命名后，我们可以看到以下效果，如图 2.111 所示。

10. 删除空值和重复项

在 "视图" 的 "数据预览" 工具栏中，勾选 "列质量" 和 "列分发"，如图 2.112 所示。

	Date	1²₃ Year	1²₃ Month	1²₃ Quarter
1	2011/01/01	2011	1	1
2	2011/01/02	2011	1	1
3	2011/01/03	2011	1	1
4	2011/01/04	2011	1	1
5	2011/01/05	2011	1	1
6	2011/01/06	2011	1	1
7	2011/01/07	2011	1	1
8	2011/01/08	2011	1	1
9	2011/01/09	2011	1	1

图 2.111 重命名列效果

图 2.112 勾选视图相关选项

可以看到在数据上方出现如图 2.113 所示的字样。在实际业务中，CustomerKey 应该是唯一值，不应该存在空值和重复项。

图 2.113 显示列质量与列分发

将鼠标指针悬停在空值上方，在弹出的提示中，单击"删除空"，如图 2.114 所示。

按类似的操作，单击"删除重复项"，如图 2.115 所示。

完成删除空值和重复项后，我们可以看到数据变成 100%有效的，如图 2.116 所示。

11. 去除多余空格

通过对数据进行检查，我们发现在"Geography"表里，"CityName"列中有多余空格，如图 2.117 所示。

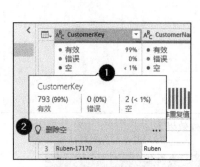

图 2.114 删除空值

图 2.115 删除重复项

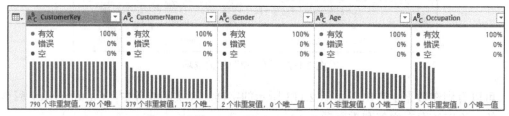

图 2.116 准备好的数据集

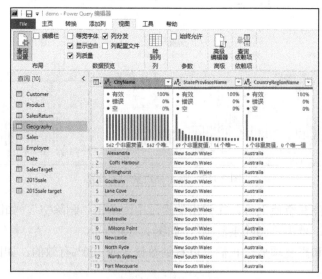

图 2.117 包含空格的"CityName"列

　　我们可以使用"修整"来去除空格。选中"CityName"列,选择"转换"→"格式"→
"修整",如图 2.118 所示。去除空格后的"CityName"列,如图 2.119 所示。

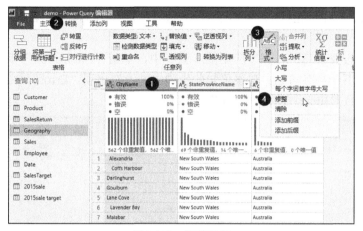

图 2.118 修整操作

🔳	A^B_C CityName	A^B_C StateProvinceName	A^B_C CountryRegionName
1	Alexandria	New South Wales	Australia
2	Coffs Harbour	New South Wales	Australia
3	Darlinghurst	New South Wales	Australia
4	Goulburn	New South Wales	Australia
5	Lane Cove	New South Wales	Australia
6	Lavender Bay	New South Wales	Australia
7	Malabar	New South Wales	Australia
8	Matraville	New South Wales	Australia
9	Milsons Point	New South Wales	Australia
10	Newcastle	New South Wales	Australia

图 2.119 去除空格后的 "CityName" 列

12. 清除错误值

"Sales" 表中 "SalesAmount" 列包含错误值，如图 2.120 所示。

🔳	A^B_C CustomerKey	A^B_C City	A^B_C ProductKey	1.2 SalesAmount	1^2_3 Amount
1	Denise-21880	Cranbourne	Official-Lashing-10004597	154.98	
2	Denise-21880	Cranbourne	Official-Label-10003717	117.88	
3	Denise-21880	Cranbourne	Official-Lashing-10004597	154.98	
4	Denise-21880	Cranbourne	Official-Label-10003717	117.88	
5	Destiny-11830	Marysville	Official-Paintings-10003259	Error	
6	Destiny-11830	Marysville	Official-Label-10003572	151.2	
7	Destiny-11830	Marysville	Furniture-Appliance-10002852	Error	
8	Alvin-10240	Augsburg	Official-Bookbinding-10000298	124.32	
9	Angela-14605	Shawnee	Furniture-Appliance-10004761	473.2	
10	Angela-14605	Shawnee	Furniture-Chair-10002328	Error	
11	Angela-14605	Shawnee	Official-Storage-10002025	584.36	
12	Angela-14605	Shawnee	Official-Storage-10004612	3950.24	
13	Angela-14605	Shawnee	Official-Lashing-10004588	315.7	
14	Angela-14605	Shawnee	Official-Appliances-10002828	Error	
15	Angela-14605	Shawnee	Official-Storage-10004868	923.72	

图 2.120 包含错误值的 "SalesAmount" 列

单击"Error"所在单元格，可见出错的原因是数据类型不符，且金额后多了额外的逗号，如图 2.121 所示。

查看"查询设置"窗格，在"应用的步骤"中，单击"Navigation"步骤，如果此步骤无问题，则说明下一步有问题。观察可知此步骤中并没有出现"Error"。由此推论是"更改的类型"步骤导致"Error"的出现，如图 2.122 所示。

图 2.121　显示错误原因

图 2.122　从"更改的类型"倒退到"Navigation"

为了更改此错误，我们可单击"主页"→"高级编辑器"，将数据类型手动更改为文本，如图 2.123 所示。

图 2.123　启用"高级编辑器"

在"高级编辑器"中直接修改 Power Query 脚本，将"SalesAmount"对应的值"type number"更改为"type text"，强制将字段转换为文本格式，单击"完成"按钮，如图 2.124 所示。

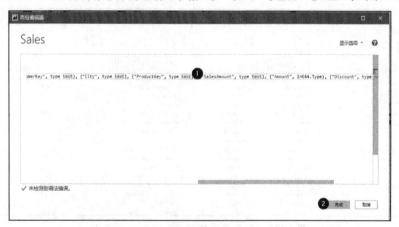

图 2.124　直接修改 Power Query 脚本

选中"SalesAmount"列，单击"转换"→"提取"→"分隔符之前的文本"，如图2.125所示。

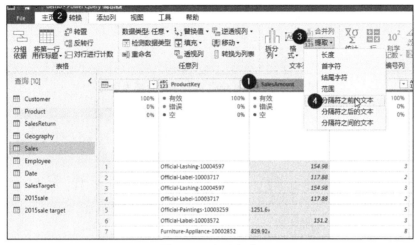

图2.125　提取操作

在弹出的对话框中的"分隔符"文本框中输入"，"，单击"确定"按钮，如图2.126所示，即可成功清除错误值。

将数据类型重新更改为数字类型，原有错误消失，更改数据类型的效果如图2.127所示。

图2.126　提取分隔符前的文本

图2.127　更改数据类型的效果

13. 首字母大写

在"Customer"表中，"Industry"列首字母全部为小写，如图2.128所示。

为了更加规范数据，我们将其格式更改为首字母大写。选中需要更改格式的列，在"转换"菜单中单击"格式"，再选择"每个字词首字母大写"，如图2.129所示。

图 2.128　"Industry"列首字母全部为小写

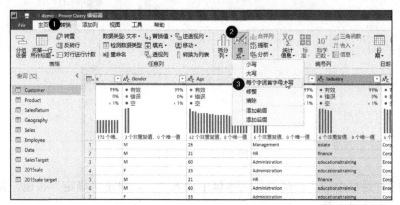

图 2.129　选择"每个字词首字母大写"

14. 删除无关列

在"Customer"查询里,"CustomerID"在分析目标中不需要用到,如图 2.130 所示。因此建议将其删除。

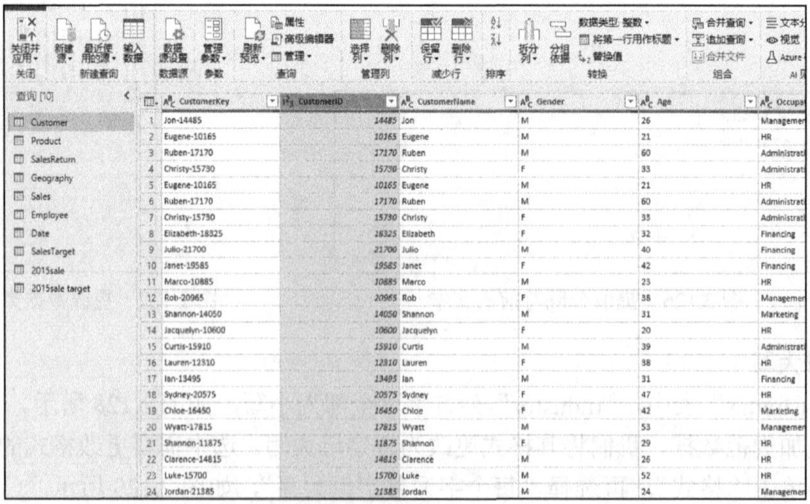

图 2.130　无关列

删除无关列的方法如下。

- 方法一：选中无关列，按"Delete"键直接删除，也可通过按住"Shift"键单击选中多列，一次删除多个列。
- 方法二：右击该列，选择"删除"或"删除其他列"命令。这将删除所选列或删除除所选列之外的所有列，如图 2.131 所示。

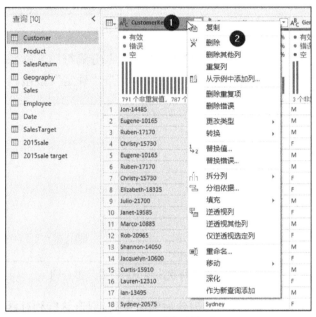

图 2.131　删除无关列

15. 拆分列

查看"Product"查询中的"ProductKey"列。该列内容为包含两个短横线（-）分隔符的字段，代表"产品类-产品子类-产品键"，如图 2.132 所示。显然，这里的"ProductKey"包含了 3 种不同的信息，我们需要将其拆分为 3 个独立的列。

选中"ProductKey"列，单击"添加列"→"重复列"，复制该列，如图 2.133 所示。

图 2.132　需拆分的列

图 2.133　复制列操作

我们将新列拆分为 3 个独立的列。在左侧面板中选择"Product"查询，选择"ProductKey-复制"列，从功能区中选择"主页"→"拆分列"→"按分隔符"，如图 2.134 所示。

图 2.134　拆分列操作

在按分隔符拆分列界面中，请确保在"选择或输入分隔符"下拉列表中选择"自定义"，输入符号"-"，选择"每次出现分隔符时"选项，单击"确定"按钮，如图 2.135 所示。

图 2.135　按"每次出现分隔符时"拆分列

拆分完成后会出现 3 个新列，均为拆分后的结果列。双击这些列标题并重命名为"Product Category""Product Subcategory""Product Item"，如图 2.136 所示。

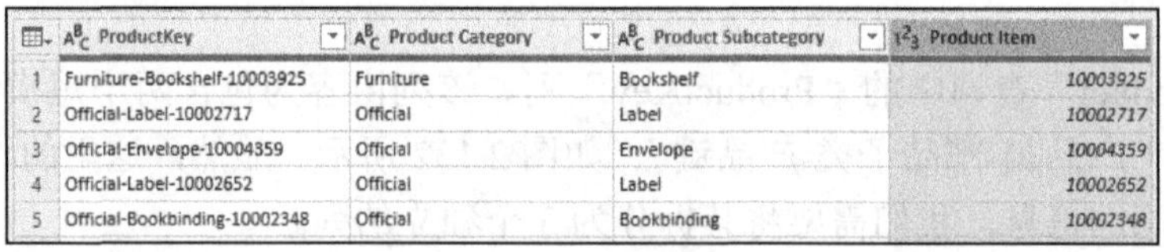

ProductKey	Product Category	Product Subcategory	Product Item
Furniture-Bookshelf-10003925	Furniture	Bookshelf	10003925
Official-Label-10002717	Official	Label	10002717
Official-Envelope-10004359	Official	Envelope	10004359
Official-Label-10002652	Official	Label	10002652
Official-Bookbinding-10002348	Official	Bookbinding	10002348

图 2.136　重命名新列

最后，右击"ProductKey"列，选择"删除重复项"命令，确保值为唯一值，如图 2.137 所示。

16. 动态筛选日期

目前数据集包含多年的销售数据，但有时分析要求仅需要近 N 年的子集数据，我们可以使用筛选器来实现此目标。单击"OrderDate"旁的下拉按钮，在菜单中选择"在之前的…"，如图 2.138 所示。

图 2.137　删除重复项

图 2.138 筛选"在之前的..."的日期值

在"筛选行"设置中，输入时间数量与时间单位，例如，编写本书之时为 2020 年，5 代表 2015～2019 这 5 年的范围，如图 2.139 所示。单击"确定"按钮完成设置，将动态筛选这 5 年的数据。

图 2.139 输入筛选条件

17．加载数据模型

单击"主页"→"关闭并应用"→"关闭并应用"，将准备好的数据导入模型，如图 2.140 所示。到此我们已经完成了数据整理的所有任务。

图 2.140 关闭并应用 Power Query

2.3.3　数据建模

在数据建模过程中,我们将对数据集进行如图 2.141 所示的处理。

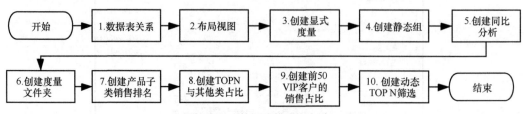

图 2.141　数据建模步骤示意

在 Power BI Desktop 中,单击图标 可以查看导入的报表间的关系,Power BI Desktop 会根据字段名称自动建立表与表之间连接关系,Power BI Desktop 关系视图如图 2.142 所示。注意,因为前文选择取消加载,模型中并没有出现"2015sale"与"2015sales target"这两张表的信息。

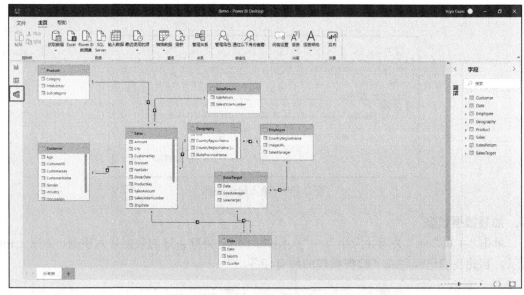

图 2.142　Power BI Desktop 关系视图

1. 数据表关系

表与表之间的关系设定相当重要,正确合理的数据分析结果取决于模型中正确的表关系。在关系视图中,双击"Product"表与"Sales"表之间的双向连接可以看到,"基数"设置为"多对多","交叉筛选器方向"为"两个",如图 2.143 所示。注意,多对多关系往往是我们要注意甚至去避免的,尤其对于复杂的模型,多对多关系会造成潜在的性能和分析逻辑的风险。

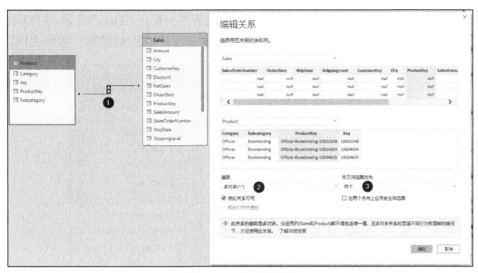

图 2.143 多对多关系

基于此，我们在"编辑关系"设置中将"基数"设置为"多对一"，将"交叉筛选器方向"设置为"单一"，单击"确定"按钮，如图 2.144 所示。通过该设置，我们可以通过一张"Product"表对多张"Product"表进行查询，从而避免通过"Sales"表对"Product"表的查询行为进行设置。

图 2.144 多对一关系

在"Date"表与"Sales"表间，我们可观察到两表之间存在"Date"字段与"OrderDate"字段的关系，表示我们可通过该关系实现基于"OrderDate"的分析逻辑，如图 2.145 所示。

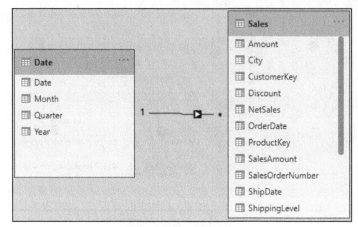

图 2.145　一对多的活动关系

但假设我们需要的是基于"ShipDate"的销售查询呢？很显然以上关系不能满足需求。因此，我们可以将"ShipDate"字段拖曳到"Date"字段上方，建立额外的关系。在 Power BI 模型中，表与表之间只能存在一个活动关系，以实线表达。额外的关系为非活动关系，以虚线表达，如图 2.146 所示。

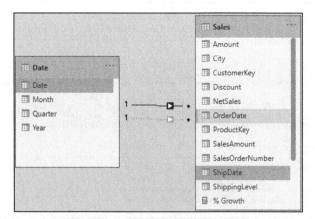

图 2.146　活动关系与非活动关系共存

2．布局视图

在图 2.142 中，我们可以观察整个数据模型的关系布局，但对于包含上百张表的复杂数据模型，单一视图未必能详细描述表之间的关系。为此，我们可以通过设置布局从而更好地呈现主题的局部关系。单击 Power BI Desktop 下方布局旁的"＋"，添加新的布局视图，如图 2.147 所示。

将"Employee"表拖入视图，右击该表，选择"添加相关表"，如图 2.148 所示。

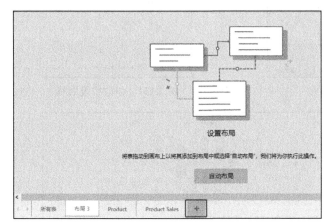

图 2.147 添加新的布局视图

图 2.148 添加相关表

Power BI 会根据表关系自动将相关表"Geography"添加到关系中。注意，右击"Geography"表，选择"从关系图中删除"，如图 2.149 所示，会将表从视图中移除，而不会影响整体模型结构。但如果选择"从模型中删除"，则会真实地将表从模型中删除。

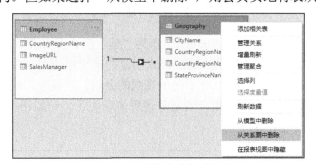

图 2.149 从关系图中删除表

3. 创建显式度量

完成关系设置后，接下来我们开始创建度量，这也是数据建模的核心步骤。第一个度量是关于销售统计的。在菜单中单击"建模"→"新建度量值"，如图 2.150 所示。在公式栏中输入以下公式：

```
Sum of Sales  = SUM(Sales[SalesAmount])
```

为方便使用，可双击"Geography"表下的"CountryRegionName"，将其改为"CountryName"，如图 2.151 所示。

在可视化栏下选择"饼图"，将"CountryName"放入"图例"中，"Sum of Sales"放入"值"中，求出销售金额的分布状况，如图 2.152 所示。

图 2.150 新建度量值操作　　　　　　图 2.151 修改字段名称

图 2.152 创建可视化饼图

注意，当直接使用字段"SalesAmount"作为"值"时，其结果在数值上也是相同的，使用隐式度量的效果如图 2.153 所示。通过公式创建的度量称为显式度量，而通过字段自动转换的度量为隐式度量。通常而言，对于简单直观的分析，建议使用隐式度量，其他情况使用显式度量。显式度量可以嵌套使用，且运算逻辑清晰明了，一般不会产生潜在逻辑错误，因篇幅限制，在此不赘述具体差别。

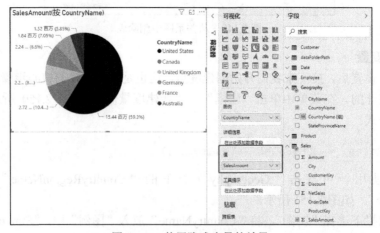

图 2.153 使用隐式度量的效果

4. 创建静态组

　　接下来，我们通过静态组功能实现将销售渠道分为美国与国际两个组。右击"CountryName"字段，选择"新建组"，如图 2.154 所示。

　　在"组"设置框中，通过按 Ctrl + 鼠标左键，选中除美国以外的国家，单击"分组"按钮，如图 2.155 所示。

图 2.154　新建组操作

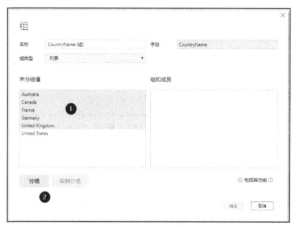

图 2.155　进行组成员归类

　　输入组的名称"International"，然后选中美国，再次单击"分组"按钮，单击"确定"按钮完成分组，如图 2.156 所示。

图 2.156　再次分组

　　完成以上操作后，我们在"Geography"表中可见新的字段"CountryName（组）"，所有记录被归类为"International"或"United States",如图 2.157 所示。

图 2.157   新建"CountryName(组)"字段

将新创建的"CountryName(组)"字段放入可视化饼图的"图例"栏,成为新的层级结构,分组处理后的饼图如图 2.158 所示。虽然此处没创建层级,但用户仍然可通过饼图右上方的下钻功能对"CountryName(组)"进行下钻分析。

图 2.158   分组处理后的饼图

5. 创建同比分析

接下来,销售人员需要查询销售金额同比增长变化。首先,我们创建以下公式求得上一年的销售金额:

```
PY Sales = CALCULATE([Sum of Sales], SAMEPERIODLASTYEAR('Date'[Date]))
```

该公式为嵌套公式,表达式部分为销售度量。筛选器部分为时间智能函数 SAMEPERIODLASTYEAR,参数为时间日期字段,公式返回值为去年同期销售金额。同比增长公式的分子部分为增长差,分母部分为去年的销售金额。公式为:

```
Sales YoY% = DIVIDE([Sum of Sales]-[PY Sales],[PY Sales])  //DIVIDE 为非除零函数
```

参照以上方法，我们也可以创建利润度量如下：

```
Sum of Profit = SUM(Sales[NetSales])
PY Profit = CALCULATE([Sum of Profit], SAMEPERIODLASTYEAR('Date'[Date]))
Profit YoY% = DIVIDE([Sum of Profiit]-[PY Profit],[PY Profit])
```

将日期字段与刚才创建的度量放入可视化表，验证结果，创建分析同比如图 2.159 所示。

6. 创建度量文件夹

目前已经创建的度量散落在 Sales 表内，如图 2.160 所示。随着度量数量的增长，管理的难度也随之增加。为此，我们可创建专有度量文件夹管理度量。

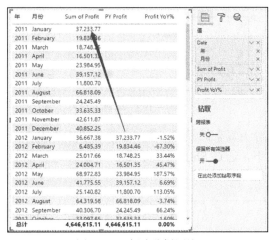

图 2.159　创建分析同比

图 2.160　度量没有统一的文件夹

单击"主页"下的"输入数据"，如图 2.161 所示。

在图 2.162 中，更改名称为"度量值"，单击"加载"按钮。

图 2.161　输入数据操作

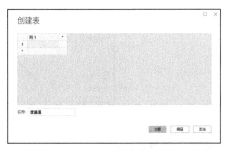

图 2.162　创建手动表操作

选中相应的度量，在工具栏中的"主表"中选择"度量值"，度量将被移动到新的表中，如图 2.163 所示。

　　重复以上的操作，直至所有的度量被统一放置在文件夹下。再将"Column1"删除，参照图 2.164 的步骤将字段栏折叠打开，度量值文件夹图标  会发生变化，因为这里只存放度量。

图 2.163　移动度量值至新表中

图 2.164　度量文件夹

　　度量文件夹提供了统一存放的路径，对于复杂的模型，度量数量可以成百上千，于是我们可以进一步设立子文件夹。在模型视图下，通过 Shift+鼠标左键，一次性选择多个度量且命名子文件夹，如图 2.165 所示。

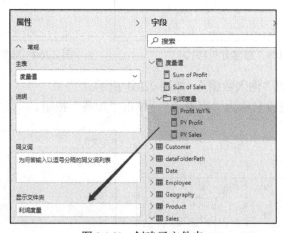

图 2.165　创建子文件夹

7. 创建产品子类销售排名

　　市场部门要分析产品子类的销售排名与占比。我们先用 RANKX 与 ALL 组合公式表达销售量绝对排名：

```
Sales Rank Subcategory = RANKX(ALL('Product'[Subcategory]),[Sum of Sales])
```

排名结果 1 如图 2.166 所示。

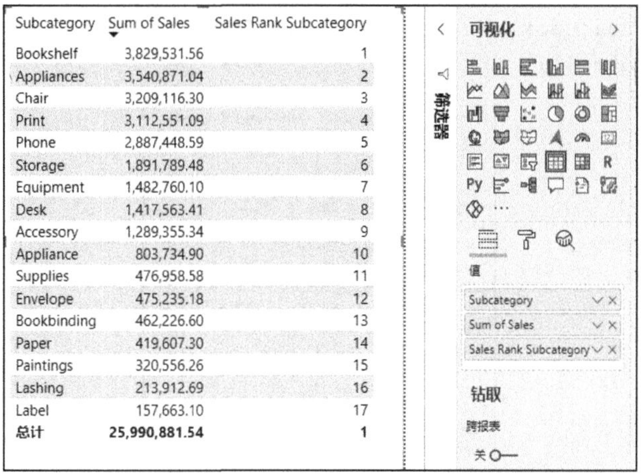

Subcategory	Sum of Sales	Sales Rank Subcategory
Bookshelf	3,829,531.56	1
Appliances	3,540,871.04	2
Chair	3,209,116.30	3
Print	3,112,551.09	4
Phone	2,887,448.59	5
Storage	1,891,789.48	6
Equipment	1,482,760.10	7
Desk	1,417,563.41	8
Accessory	1,289,355.34	9
Appliance	803,734.90	10
Supplies	476,958.58	11
Envelope	475,235.18	12
Bookbinding	462,226.60	13
Paper	419,607.30	14
Paintings	320,556.26	15
Lashing	213,912.69	16
Label	157,663.10	17
总计	**25,990,881.54**	**1**

图 2.166　排名结果 1

虽然得到排名，但我们观察到总计处显示结果为“1”，这并非预期结果。为此，可在原有公式上添加一层 IF(HASONEFILTER)判断语句：

```
Sales Rank Subcategory V2 =
IF (
    HASONEFILTER ( 'Product'[Subcategory] ),
    RANKX ( ALL ( 'Product'[Subcategory] ), [Sum of Sales] )
)
```

排名结果 2 如图 2.167 所示。

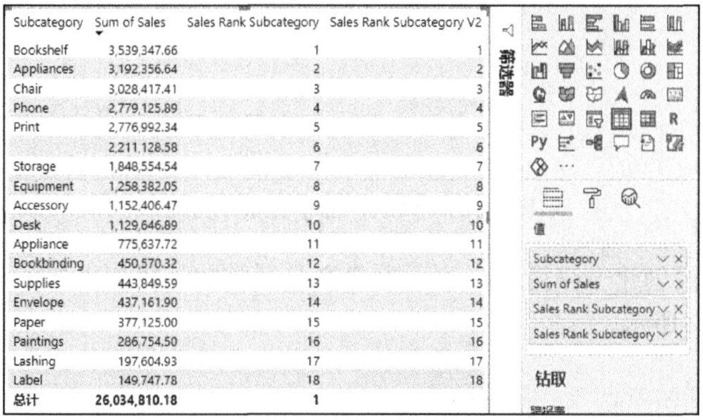

Subcategory	Sum of Sales	Sales Rank Subcategory	Sales Rank Subcategory V2
Bookshelf	3,539,347.66	1	1
Appliances	3,192,356.64	2	2
Chair	3,028,417.41	3	3
Phone	2,779,125.89	4	4
Print	2,776,992.34	5	5
	2,211,128.58	6	6
Storage	1,848,554.54	7	7
Equipment	1,258,382.05	8	8
Accessory	1,152,406.47	9	9
Desk	1,129,646.89	10	10
Appliance	775,637.72	11	11
Bookbinding	450,570.32	12	12
Supplies	443,849.59	13	13
Envelope	437,161.90	14	14
Paper	377,125.00	15	15
Paintings	286,754.50	16	16
Lashing	197,604.93	17	17
Label	149,747.78	18	18
总计	**26,034,810.18**	**1**	

图 2.167　排名结果 2

值得注意的是，当使用以下公式的时候，排名结果将返回错误值，如图 2.168 所示，这也是新手常容易犯的典型错误。错误原因是公式中的 SUM('Sales'[SalesAmount]) 部分无法被 RANKX 正确迭代，此处必须用显式度量，如[Sum of Sales] 替代。

```
Sales Rank Subcategory Wrong = RANKX(ALL('Product'[Subcategory]),SUM
('Sales' [SalesAmount]))
```

Subcategory	Sum of Sales	Sales Rank Subcategory
Bookshelf	3,539,347.66	1
Appliances	3,192,356.64	1
Chair	3,028,417.41	1
Phone	2,779,125.89	1
Print	2,776,992.34	1
	2,211,128.58	1
Storage	1,848,554.54	1
Equipment	1,258,382.05	1
Accessory	1,152,406.47	1
Desk	1,129,646.89	1
Appliance	775,637.72	1
Bookbinding	450,570.32	1
Supplies	443,849.59	1
Envelope	437,161.90	1
Paper	377,125.00	1
Paintings	286,754.50	1
Lashing	197,604.93	1
Label	149,747.78	1
总计	26,034,810.18	1

图 2.168   错误的排名结果

8. 创建 TOPN 与其他类占比

图 2.169 所示为默认产品子类销售占比。在日常分析中，我们往往会仅显示最大的 N 个类别与其他类。这就涉及动态分组的概念。

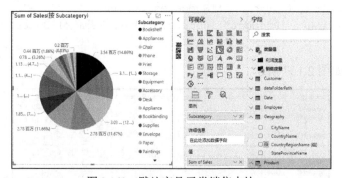

图 2.169   默认产品子类销售占比

首先，我们需要创建一张用于陈列不重复产品子类的计算表，单击"新建表"，然后输入公式，如图 2.170 所示。

```
ProductSubCategory = VALUES('Product'[Subcategory])
```

注意计算表为内存表，仅存在于内存中并会随着引用表的内容而动态变化。

建立新表"ProductSubCategory"与"Products"表之间的关系，它们之间的查询关系为一对多，如图 2.171 所示。

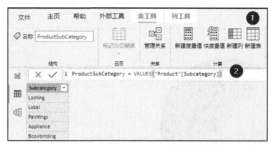

图 2.170　创建动态子类表

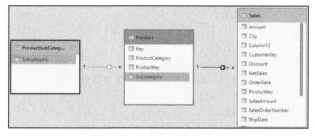

图 2.171　建立新的表关系

如图 2.172 所示，单击"列工具"→"新建列"，在新表中创建新列并输入以下的公式：

```
Subcategory Rank =
VAR x =
    RANKX ( ALL ( ProductSubCategory ), [Sum of Sales] )
RETURN
IF ( x <= 5, 'ProductSubCategory'[Subcategory], "Others" )
```

该公式中使用了 VAR 作为变量进行传递，返回值为判断语句，排名前 5 的子类会使用其对应名称，其他的则使用"Others"。

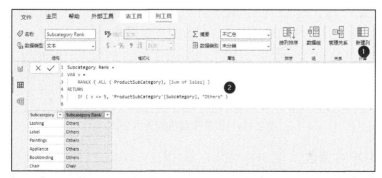

图 2.172　创建新列并创建 DAX 逻辑

将新建的字段"Subcategory Rank"拖入原先的可视化图例，结果可见排名前 5 的销售产品子类以及"Others"，即剩余子类的总和，如图 2.173 所示。

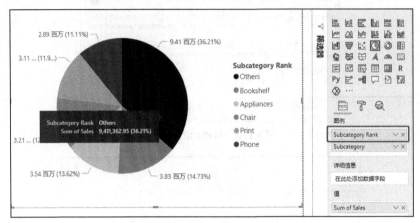

图 2.173 显示区分排名前 5 与其他占比

9. 创建前 50 VIP 客户的销售占比

市场部需要分析消费排名前 50 的客户的购买金额的利润占比情况，我们可通过 TOPN 与 CALCULATE 组合实现该分析要求，公式如下：

```
Top N Customer Profit=
CALCULATE ( [Sum of Profit], TOPN ( 50, Customer, [Sum of Sales] ) )
 //表达式为利润之和，FILTER 条件为销售排名前 50 名的客户集合
TOP N Customer Profit % = DIVIDE([Top N Customer Profit],[Sum of Profit])
//最终利润占比为前 50 名客户利润除以总的利润
```

使用可视化栏中的"卡片图"，改变度量格式为百分比，如图 2.174 所示。

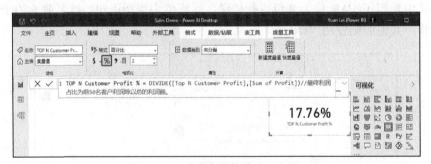

图 2.174 改变度量格式为百分比

10. 创建动态 TOP N 筛选

基于已有的 TOP N 公式，我们还可以更进一步动态调节 TOP N 参数。此处将涉及参数

的使用。单击"建模"→"新建参数",如图 2.175 所示。

参照图 2.176,在弹出的设置框中设置参数,单击"确定"按钮完成设置。

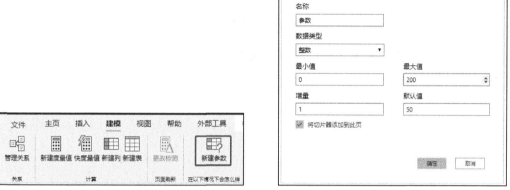

图 2.175　新建参数操作　　　　　　　　　　图 2.176　设置参数

Power BI 会自动创建一张只有一列数据的参数表和一个相关度量,如图 2.177 所示。

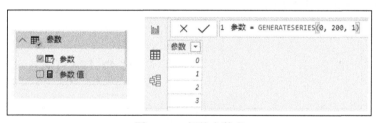

图 2.177　新的参数表

为使用方便,我们将参数表中的中文改为英文,同时将参数表中的公式进行简单修改,用公式 COUNTA('Customer'[CustomerKey]) 替代数值 200,度量值会根据客户数量而动态变化,如图 2.178 所示。

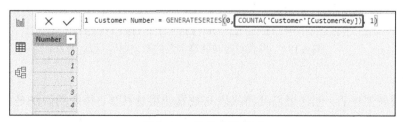

图 2.178　修改参数公式

同样地,将"参数 值"改为"SELECTEDVALUE",如图 2.179 所示。

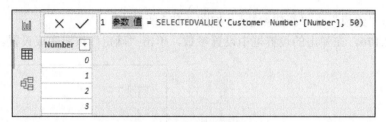

图 2.179   将度量值改名

然后将原有的"Top N Customer Profit"公式进行简单的修改，将"200"换成 [SelectedValue]。

```
Top N Customer Profit =
CALCULATE (
    [Sum of Profit],
    TOPN ( [SelectedValue], Customer, [Sum of Sales] )
)
//200 -> [SelectedValue]
```

完成后，当我们调节参数值的时候，"TOP N Customer Profit %"度量也随之发生变化，最终客户占比结果如图 2.180 所示。

图 2.180   最终客户占比结果

2.3.4   报表发布与共享

在本小节中，我们将涉及图 2.181 中的知识内容。

图 2.181   报表发布与共享涉及的知识内容示意

1. 发布报表

完成了报表创建后，创建者需要将报表与数据使用者共享。传统的做法是将报表通过邮件方式，或放在共享盘、SharePoint、OneDrive 中与他人共享。虽然这样能达到分享的目的，但用户体验还有许多可以提升的空间，Power BI 能填补这一空间。单击"发布"命令，用户可将完成的报表直接发布至 Power BI service 上，如图 2.182 所示。

图 2.182 发布报表

　　而后可在工作区中管理内容并与他人分享。许多传统共享方式无法实现的功能，例如创建仪表板、Power BI App、分页报表（Premium 版本独有）、数据流等，都是 Power BI service 中的特有的功能，它们令 Power BI 的整体功能更为完整。

　　从技术本质上而言，Power BI service 可被理解为一个云端的 Analysis Services。由于其数据库被封装成 SaaS，所以后端数据库架构对用户而言是透明的。用户只需了解前端发布功能而不需要了解背后的一系列复杂的 IT 架构设计。

2. 创建工作区

　　当单击"发布"命令后，Power BI 会询问所要发布的工作区。工作区相当于 Power BI service 中的管理文件夹，用户通过 Power BI Desktop 将报表发布到 Power BI service 工作区，工作区管理者可管理权限的分配。根据不同许可方式，工作区可使用 Premium 专有能力资源或 Pro 共享能力资源。报表、工作区与容量关系如图 2.183 所示。

　　从分享角度而言，工作区分为我的工作区（My workspace）和工作区（Workspaces）两种，如图 2.184 所示。我的工作区属于个人使用的范畴，通常不用于与他人分享，而工作区则是与其他人协同使用的公用工作区。

图 2.183 报表、工作区与容量关系

　　从工作区创建形式而言，工作区分为 Power BI 类型工作区与 SharePoint 类型工作区（包括 Teams）。用户报表只能发布于 Power BI 类型工作区，这类工作区是通过"Createa workspace"（创建工作区）创建的。创建工作区界面如图 2.185 所示。

图 2.184 工作区分类

图 2.185 创建工作区界面

从技术的角度而言，工作区分为经典工作区与新型工作区。单击工作区旁的 图标，经典工作区和新型工作区菜单里的内容各有不同，如图 2.186 所示。

图 2.186 经典工作区与新型工作区对比

两者的区别可以简单描述为：前者是基于 Office 365 成员组管理机制建立的工作区，受 Office 组的限制，在管理组成员的时候，只能逐个添加成员；后者是独立于 Office 365 成员组管理机制的工作区，可添加邮件组、安全组、Office 成员组和个人为组成员，管理效率大为提升。默认创建的新工作区皆是新型工作区。细心的读者可能发现，在创建工作区界面中，存在"恢复为经典"的选项，如图 2.187 所示。

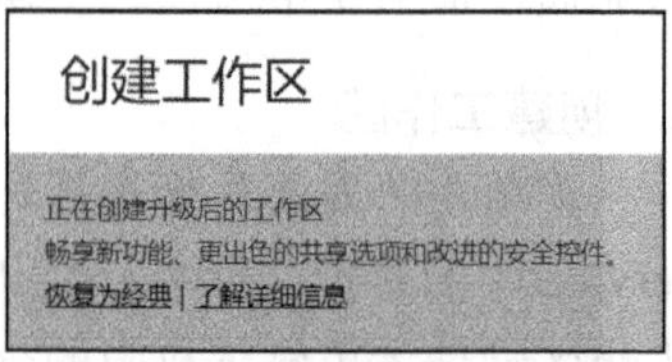

创建工作区

正在创建升级后的工作区
畅享新功能、更出色的共享选项和改进的安全控件。
恢复为经典 | 了解详细信息

图 2.187 "恢复为经典"的选项

3. 内容分享管理

图 2.188 所示为 Power BI service 中的各种内容分享形式以及它们之间的数据依存关系，箭头代表数据流方向。

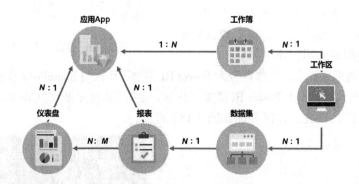

图 2.188 Power BI service 各种内容分享形式以及它们之间的数据依存关系

单击如图 2.186 所示的"工作区访问"或单击如图 2.189 中左图所示的菜单上方的"访问"按钮，跳转至如图 2.189 中右图所示的访问设置框，可进行工作区权限设置。其中包含 4 种角色，此处选择"查看器"，其英文名称是 Viewer。

图 2.190 所示为 4 种角色所对应的权限设置。"管理员"权限最大，全权控制整个工作区有关的所有操作，"成员"相当于内容管理者，"参与者"相当于工作人员，具有一定的编

辑权限，而"查看器"仅仅可阅读内容。

图 2.189　工作区权限设置

功能	管理员	成员	参与者	查看器
更新和删除工作区	√			
添加/删除成员，包括其他管理员	√			
添加具有较低权限的成员或其他人员	√	√		
发布和更新应用程序	√	√		
共享项目或共享应用程序	√	√		
允许其他人共享项目	√	√		
在工作区创建、编辑和删除内容	√	√	√	
将报表发布到工作区、删除内容	√	√	√	
基于本工作区的一个数据集创建另一工作区的报表	√	√	√	
复制报表	√	√	√	
查看并交互	√	√	√	√

图 2.190　4 种角色所对应的权限设置

注意，如果用户是免费许可，则只能被分配为"查看器"。其他角色需要用户为 Pro 许可，图 2.191 所示为免费试用 Pro 许可界面。

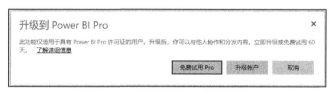

图 2.191　免费试用 Pro 许可界面

另外，数据集和数据流都有设计编辑权限，故此 Free 用户和 Pro 用户能查看的内容是不同的，许可功能对比如图 2.192 所示。

图 2.192　许可功能对比

4. 权限管理

行级别安全性（Row Level Security，RLS）是指在同一报表中，不同用户因其角色的设置所看到不同级别的内容。有人也称其为"行级别安全设置"。**Power BI** 中权限是指用户是否有阅览或编辑的权限，而安全性指用户仅能看到应该看到的内容，二者的作用不同。本示例分别介绍静态基础行级限制与动态行级限制以及经理行级限制 3 种方法来演示如何限制销售数据的查询。

（1）静态基础行级限制。

参照图 2.193，在菜单中单击"建模"→"管理角色"命令，在弹出的对话框中单击"创建"，选择"DimGegraphy"→"添加筛选器"→"[CountryRegionName]"。

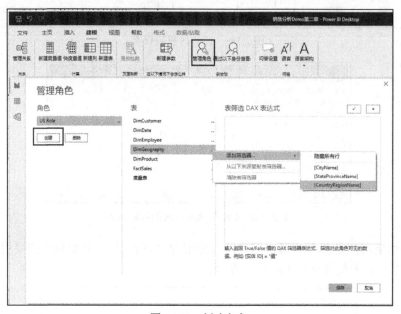

图 2.193　创建角色

在表达式中填入国家名称并保存，以限制 DAX 表达式，如图 2.194 所示。

参照图 2.195，在菜单中单击"通过以下身份查看："，勾选新创建的角色名称，单击"确定"按钮。

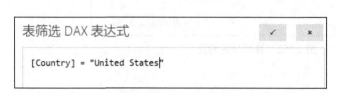

图 2.194　限制 DAX 表达式

图 2.195　选择角色身份

观察报表的变化，数据中仅保留与该国家相关的数据，如图 2.196 所示。

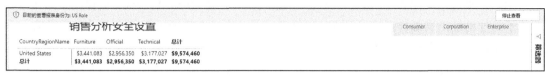

图 2.196　检验权限设置结果

将报表发布到 Power BI service 后，单击对应的数据集旁的 ⋮ 标识，在菜单中的"安全性"下选择角色，输入对应用户电子邮件或者用户组邮件，单击"添加"按钮完成添加，如图 2.197 所示。

图 2.197　添加用户账号

再次回到安全性设置中，单击"US Role（1）"旁的 ⋮ 标识，选择"以角色身份测试"，如图 2.198 的左图所示，可见测试结果如图 2.198 的右图所示。

图 2.198　以角色身份测试

静态设置方法操作直接、简单，适用于少量的用户安全设置。但静态设置需要手动逐个设置用户，不适用于大型复杂的权限配置场景。

（2）动态行级限制。

动态行级通过利用 DAX 函数 USERNAME()或 USERPRINCIPALNAME()返回用户信息，即电子邮件地址，用邮件动态匹配 DAX 筛选结果。图 2.199 所示为包含 Email 字段的员工表，用该表替换原有的员工表。

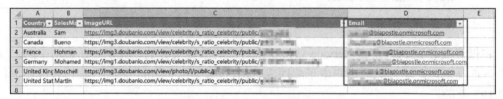

图 2.199　包含 Email 字段的员工表

注意，这个时候"DimGeography"表与"Employee.Email_Manager"表之间的关系仍然是多对一，连接键为"CountryRegionName"字段，如图 2.200 所示。

图 2.200　二表之间的关系

再次单击"管理角色"按钮，清除掉原来的筛选 DAX 表达式，参照图 2.201 写入新的表达式：[Email] = USERPRINCIPALNAME()，单击"保存"按钮。

将报表发布到 Power BI service 中，参照之前步骤，在"行级安全性"下添加用户名称并测试账户，动态筛选结果如图 2.202 所示。注意，这次只是通过设置邮件规则便可动态管理员工的地理权限，而没有设置额外的地理安全组。

（3）经理行级限制。

在真实环境中，经理角色往往有更高的阅读权限，以下通过设置经理判断条件，令经理可查阅所有内容。图 2.203 所示为带邮件地址和经理字段的员工表，IsManager=1 代表员工为经理。用该表替代原有员工表。

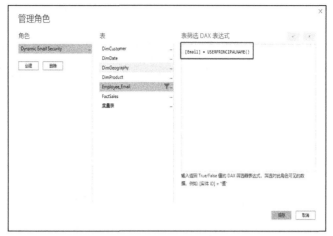

图 2.201 动态筛选条件

图 2.202 动态筛选结果

	A	B	C	D	E
1	Country	SalesMa	ImageURL	Email	IsManager
2	Australia	Sam	https://img3.doubanio.com/view/celebrity/s_ratio_celebrity/public/	@biapostle.onmicrosoft.com	0
3	Canada	Bueno	https://img3.doubanio.com/view/celebrity/s_ratio_celebrity/public/	@biapostle.onmicrosoft.com	1
4	France	Hohman	https://img3.doubanio.com/view/celebrity/s_ratio_celebrity/public/	@biapostle.onmicrosoft.com	0
5	Germany	Mohamed	https://img3.doubanio.com/view/celebrity/s_ratio_celebrity/public/	@biapostle.onmicrosoft.com	0
6	United King	Moschell	https://img3.doubanio.com/view/photo/l/public/	@biapostle.onmicrosoft.com	0
7	United Stat	Martin	https://img1.doubanio.com/view/celebrity/s_ratio_celebrity/public/	@biapostle.onmicrosoft.com	0

图 2.203 带邮件地址和经理学段的员工表

参照图 2.204 中的内容设置判断条件，其原理为检查经理字段是否为 1，如果是则返回 true（代表全部），否则只返回该员工的记录。

```
if (
LOOKUPVALUE('Employee_Email_Manager'[IsManager],'Employee_Email_Manager'
[Email], USERPRINCIPALNAME())=0,
    'Employee_Email_Manager'[Email]=USERPRINCIPALNAME(),
    true)
```

参照图 2.205，用经理的账户进行测试，可见所有数据。

图 2.204　添加判断经理身份代码　　　　　图 2.205　测试经理行级权限

通过以上示例可帮助用户连接 RLS 的基础操作。基础设置适用于简单的安全要求，而动态行级设置适合更为复杂的数据模型。注意，只有用户的工作区权限为 Viewer 时，行级安全设置才会起作用。

2.4　Power BI 的 AI 功能

在 Power BI 的 AI 功能内容介绍中，我们将涉及图 2.206 中的内容。

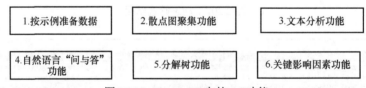

图 2.206　Power BI 中的 AI 功能

2.4.1　按示例准备数据

Power BI 的 AI 化已经是一个重要的趋势。现在的 Power BI 工具并非单纯在 Power BI 层面的比拼，通过 AI 能力加持，Power BI 能为用户提供更高的效率、更具洞察力的分析支持。而这一切都是基于低代码或无代码方式实现的，意味着人人都能从中受益。本小节会系统性介绍 Power BI 中的 AI 特性。

先进入 Power Query 环境，在图 2.207 中有一段员工姓名与员工号无序组合的字符串。我们要尝试将员工姓名与员工号分离的格式化处理。

在"File"中，单击"示例中的列"按钮（这个名字有点令人困惑，意思是指按指定的列生产新列），如图 2.208 所示。

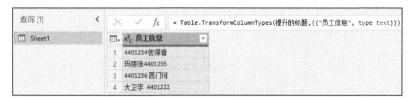

图 2.207　原始无处理的数据集

在新列中填写所必要的答案，此处为员工号完成了第一个号码的填写后，我们可以看到以下的行为浅灰色，表示 AI 还不太明确你想要的完整答案，如图 2.209 所示。

图 2.208　添加示例中的列操作

图 2.209　输入示例信息

于是我们在第二行再次输入员工号，按 Enter 键结束。事实上 AI 已经能通过输入信息准确判断出我们所需要的是字符串中的数字部分，并成功地提取该信息为新的列，如图 2.210 所示。

按照同样的操作，我们也可以把原有列中的姓名资料提取出来成为新的列，并命名，原有列也可以删去。处理完的结构化表如图 2.211 所示。

图 2.210　再次输入员工号

图 2.211　处理完的结构化表

注意，拆分字符串保留了源字符串中的空格，所以在我们进行提取后仍然有空格存在。但这个问题不大，使用"转换"中的"修整"操作就可以完美地解决这一问题了，如图 2.212 所示。

Power Query 中的文本分析能智能、高效地帮你完成许多复杂、繁重的数据准备任务。另外，单击"高级编辑器"，你会惊奇地发现所有的 AI 处理步骤都有对应的 M 语言公式，查阅生成的 Power Query 代码如图 2.213 所示。

图 2.212　对字段进行修整处理　　　　　　图 2.213　查阅生成的 Power Query 代码

2.4.2　散点图聚集功能

俗话说，物以类聚，人与群分。利用散点图能帮助我们对不同的客户进行分群，以便对不同客户群采取不同的销售策略。相信大多数人用过 Power BI 的散点图，但是并非大多数人都知道散点图有一个秘密的 AI 功能——聚集功能。

首先如图 2.214 所示，我们用 CustomerKey 代表不同客户作为详细信息，以销售金额聚合值（SalesAmount）为 x 轴（图中显示为 X 轴），以销售利润聚合值（Netsales M）为 y 轴（图中显示为 Y 轴）。记住图中的 x 轴与 y 轴的为隐式度量而不能是字段，这是非常重要的。

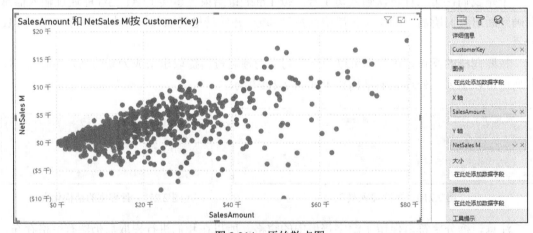

图 2.214　原始散点图

接下来单击右上角的选项，从中找到"自动查找群集"并单击，如图 2.215 所示。

在弹出来的群集框中，可填入需要的群集参数若不填入任何的参数，AI 会自行提供最优化的分群计算方式，单击"确定"按钮结束设置，如图 2.216 所示。

完成后我们可以看到一个群集被默认地分为两组，框中的图例中增加了一个名称为"CustomerKey（群集）"的字段，如图 2.217 所示。

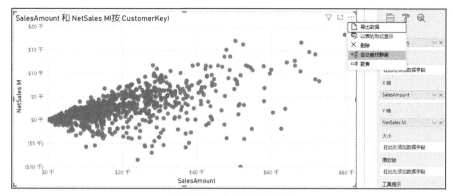

图 2.215   自动查找群集

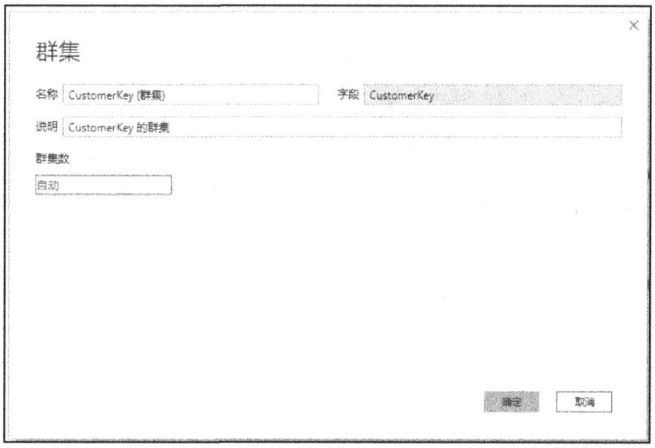

图 2.216   选择默认设置

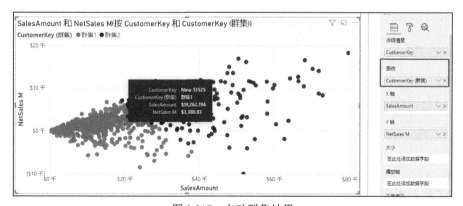

图 2.217   自动群集结果

进入数据视图，可以看到在相关的客户表中的确出现了一个新的字段，名称就是
"CustomerKey（群集）"，里面的值只有 2 个，"群集 1"和"群集 2"，如图 2.218 所示。这
里利用的就是 Power BI 自带的群集或者称为聚集功能。

CustomerKey	CustomerName	Gender	Age	Occupation	Industry	Segment	Age 10	CustomerKey (群集)
Christy-15730	Christy	F	33	Administration	EducationalTraining	Consumer	30	群集1
Elizabeth-18325	Elizabeth	F	32	Financing	Medication	Consumer	30	群集2
Shannon-14050	Shannon	M	31	Marketing	EducationalTraining	Consumer	30	群集2
Lauren-12310	Lauren	F	38	HR	Estate	Consumer	30	群集1
Chloe-16450	Chloe	F	42	Marketing	Finance	Consumer	40	群集1
Wyatt-17815	Wyatt	M	53	Management	Finance	Consumer	50	群集1
Clarence-14815	Clarence	M	26	HR	Medication	Consumer	20	群集1
Luke-15700	Luke	M	52	HR	Finance	Consumer	50	群集1
Jordan-21385	Jordan	M	24	Management	Internet	Consumer	20	群集1
Ethan-21265	Ethan	M	26	Administration	Medication	Consumer	20	群集2
Theresa-21430	Theresa	F	60	Management	Estate	Consumer	60	群集2
Jaime-11725	Jaime	M	44	Administration	Internet	Consumer	40	群集2

图 2.218　查看数据字段

当然，用户也可以按照自己的理解设置群集分组，做法非常简单。只要将图例中的字段去除，然后再次选择"自动查找群集"，填入一个指定参数 4，代表分为 4 种客户，单击"确定"按钮。这一次客户群被分为 4 个群集，可以把它们简单地理解为高销售与高利润、高销售与低利润、低利润与高销售、低利润与低销售 4 个群集，如图 2.219 所示。然后进一步为这些客户制定"因群而异"的销售策略。

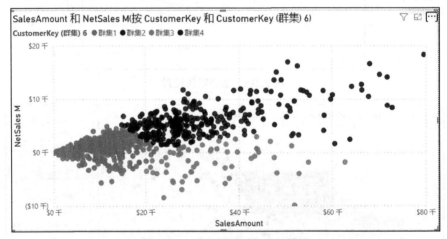

图 2.219　手动设置群集分组效果

2.4.3　文本分析功能

Power BI 的文本分析支持 3 种分析功能：语言识别、情感分析与关键字提取。通过如图 2.220 所示的文本数据集中的示例，分别演示这 3 种功能的用法。注意，至目前为止，仅 Power BI Premium 支持文本分析功能，确保用 Premium 账户登录 Power BI Desktop。

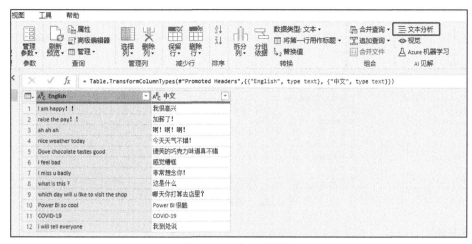

图 2.220　文本数据集

1. 语言识别

单击图 2.220 中的"文本分析"，在弹出的对话框中的"Text"下拉列表中选择"中文"字段，单击"确定"按钮，如图 2.221 所示。

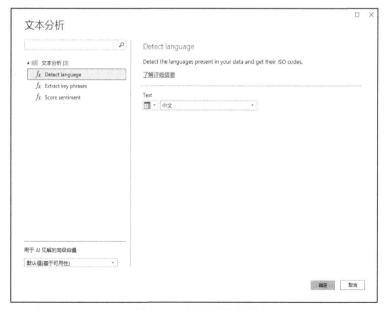

图 2.221　语言识别选项

在 Power Query 中可见两列新字段，分别是：Detect Language. Detected Language Name 与 Detect Language. Detected Langrage ISO Lode，中文的代码为 zh，简体中文的代码为 zh_chs，如图 2.222 所示。

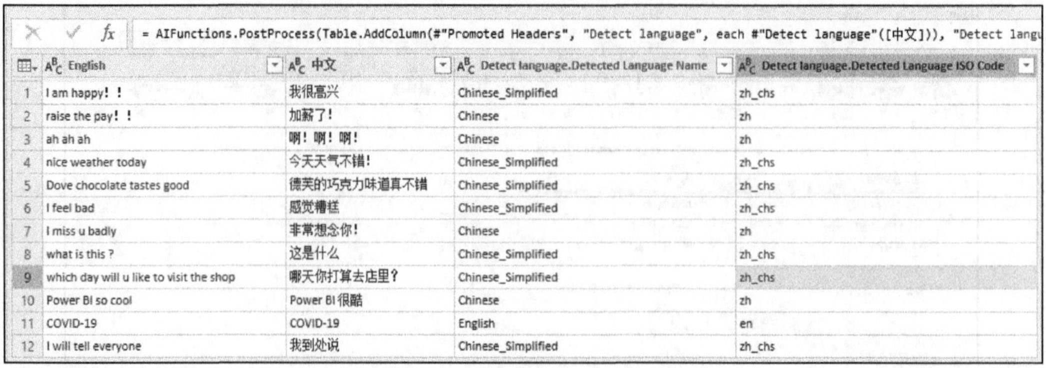

图 2.222   语言识别结果

2. 情感分析

再次单击"文本分析",这一次使用"Score sentiment",分析字段为"English",单击"确定"按钮,如图 2.223 所示。

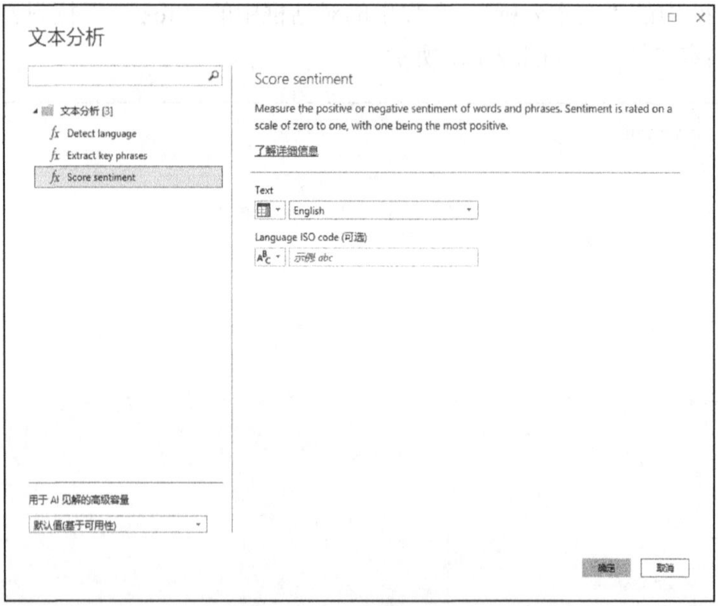

图 2.223   情感分析选项

情感分析的结果介于 0 与 1 之间,0 代表极度负面,1 代表极度正面如图 2.224 所示。

接下来尝试中文情感分析,这一次可通过"调用自定义函数"的方式使用分析功能,如图 2.225 所示。

在"调用自定义函数"设置中,参考图 2.226 设置"新列名""功能查询""Text""Language ISO code(可选)"等情感分析功能参数。

	ABC English		ABC 中文		ABC Language Name		ABC ISO Code		ABC 123 Score sentiment	
1	I am happy！！		我很高兴		Chinese_Simplified		zh_chs		0.992827892
2	raise the pay！！		加薪了！		Chinese		zh		0.732230425
3	ah ah ah		啊！啊！啊！		Chinese		zh		null
4	nice weather today		今天天气不错！		Chinese_Simplified		zh_chs		0.984766603
5	Dove chocolate tastes good		德芙的巧克力味道真不错		Chinese_Simplified		zh_chs		0.898564398
6	I feel bad		感觉糟糕		Chinese_Simplified		zh_chs		0.000256389
7	I miss u badly		非常想念你！		Chinese		zh		0.003592342
8	what is this？		这是什么		Chinese_Simplified		zh_chs		0.216475278
9	which day will u like to visit the shop		哪天你打算去店里？		Chinese_Simplified		zh_chs		0.940199852
10	Power BI so cool		Power BI 很酷		Chinese		zh		0.961516976
11	COVID-19		COVID-19		English		en		0.5
12	I will tell everyone		我到处说		Chinese_Simplified		zh_chs		0.956956863

`= Table.RenameColumns(#"已应用 Score sentiment",{{"Detect language.Detected Language ISO Code", "ISO Code"}, {"Detect`

图 2.224　情感分析结果

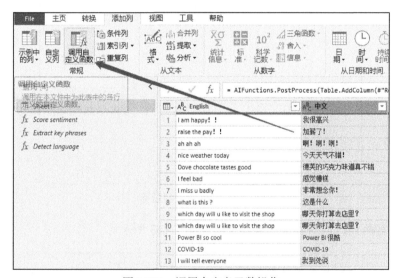

图 2.225　调用自定义函数操作

调用自定义函数

调用在此文件中为各行定义的自定义函数。

新列名

Score sentiment ZH

功能查询

Score sentiment

Text

中文

Language ISO code (可选)

zh

确定　　取消

图 2.226　设置情感分析功能参数

值得一提的是，中文情感分析效果不如英文的准确，但由于文本分析属于封装的 AI 功能，我们无法直接影响分析结果。

3. 关键字提取

接下来，再次打开文本分析对话框，这次选择"Extract key phrases"功能，单击"确定"按钮，如图 2.227 所示。

图 2.227　提取关键短语

提取结果有两列，但内容都大体相近，如图 2.228 所示。

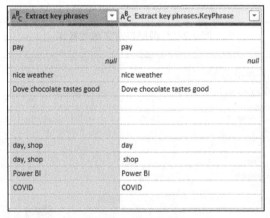

图 2.228　提取结果

注意，对于非 Premium 用户，如果需要使用文本分析的功能，则需要通过 Azure 的"text analytics"（文本分析）功能实现。用户需要首先创建"文本分析"，如图 2.229 所示。

图 2.229 查询文本分析功能并创建

获取文本分析服务的 API 密钥与终结点，如图 2.230 所示。

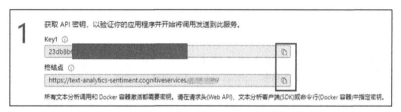

图 2.230 获取文本分析服务的 API 密钥与终结点

在 Power Query 中创建空查询，然后参照图 2.231 输入 API 信息，调用 Azure 文本分析服务，实现相同的分析结果。

图 2.231 创建空查询并输入 API 信息

2.4.4 自然语言"问与答"功能

Power BI 中的"问与答"功能通过自然语言查询及定义，使数据分析变得更智能、方便，为分析人员带来前所未有的赋能。自然语言查询示例，如图 2.232 所示。

单击"可视化"工具栏中的"问与答"图标 💬，启用该功能，视图下默认提供分析者可能"感兴趣"的常见问题，如图 2.233 所示。

图 2.232　自然语言查询示例

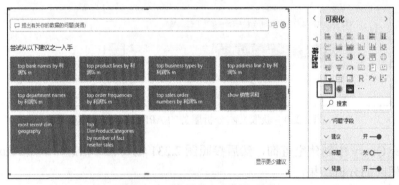

图 2.233　启用"问与答"功能

在文本框内输入自然查询语言，随着语言的输入，问与答会不断更新智能提示。输入完成后按 Enter 键，控件将分析结果转换为标准可视化图形，如图 2.234 所示。另外，单击图标 ，可将"问与答"控件"永久性"转换为条形图。

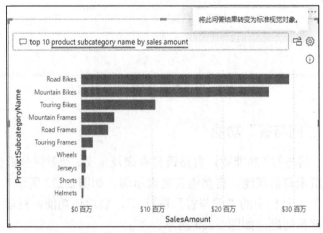

图 2.234　将分析结果转换为标准可视化图形

参照图 2.235 重新输入查询，留意此时单词"costly"下出现双横线，代表 AI 不理解 costly 的具体含义，并提示"显示以下对象的结果"，如图 2.235 所示。解决方法是单击图中的齿轮图标 ⚙，为自然语言"costly"进行定义。

图 2.235　重新输入查询

图 2.236 所示为问与答的设置框，单击"教授'问答'"下的"提交"按钮可提交有关的问题。

图 2.236　问与答的设置框

接下来，参照图 2.237，为"costly"定义。例如，"standard cost>2000"的商品可认为是"costly"，单击"保存"按钮，得到如图 2.232 所示的结果。

注意，在上述界面的"管理术语"中，可见已定义好的术语，如图 2.238 所示。

另外，在"审阅问题"中，可查看历史问题记录，进一步改进自然语言识别功能，如图 2.239 所示。

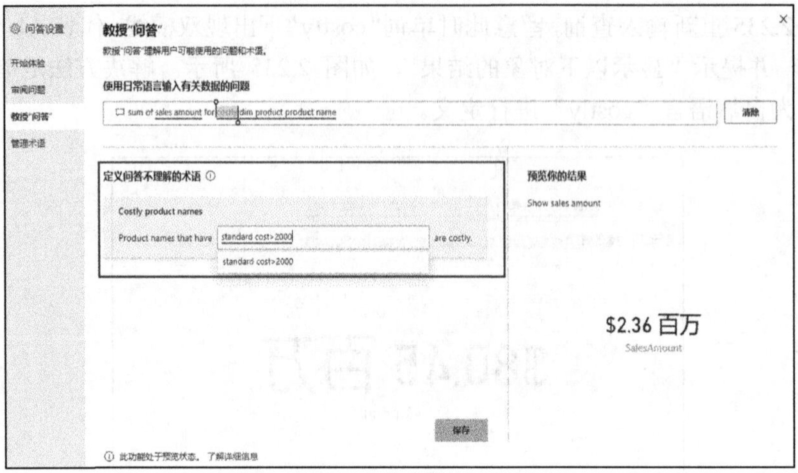

图 2.237 定义"costly"的含义

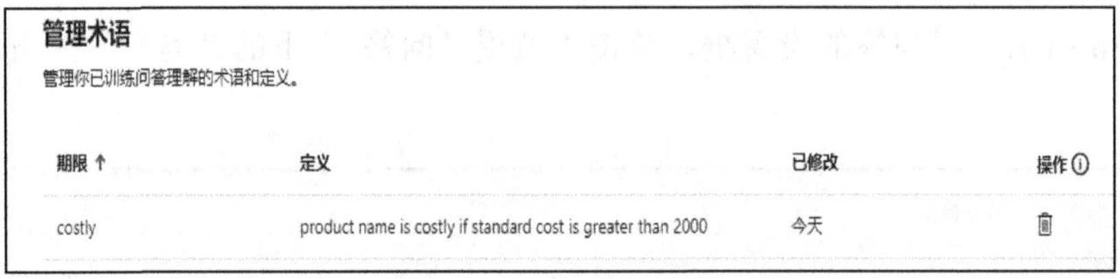

图 2.238 已定义好的术语

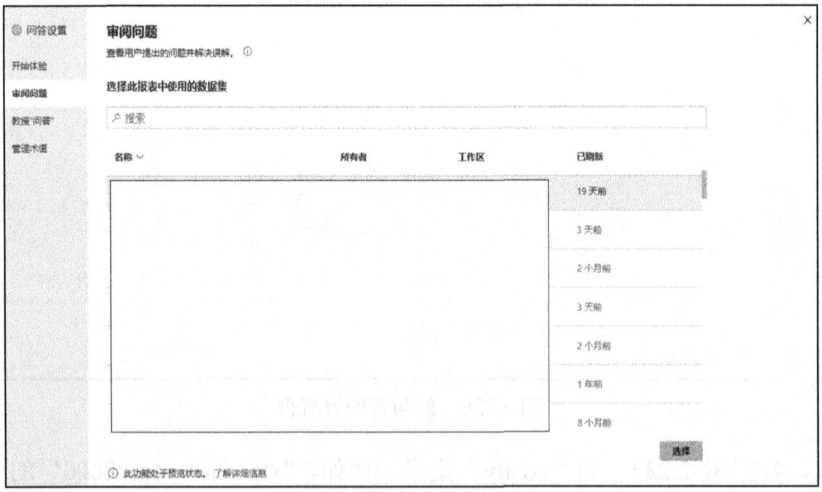

图 2.239 查看历史问题记录

将报表内容发布到 Power BI service 仪表板后，用户可以在仪表板上方直接输入问题，创建可视化图形，如图 2.240 所示。

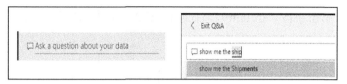

图 2.240 创建可视化图形

2.4.5 分解树功能

依据用户提供的数值和维度字段，分解树支持快速"智能"地将数值"分解"，便于用户理解数据的组成与排序，如图 2.241 所示。

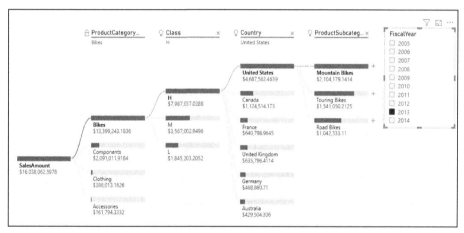

图 2.241 分解数值

插入可视化图形后，在"分析"中放入"SalesAmount"，在"解释依据"中放入用户认为需要分析的维度，此时条状图旁会显示"+"，如图 2.242 所示。

单击"SalesAmount"栏旁的"+"，选择分解的字段，如图 2.243 所示。

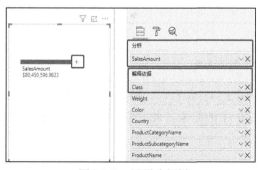

图 2.242 设置分解树

图 2.243 选择分解的字段

在图 2.243 中单击字段"Country"，在参照图 2.244 中选择相关的维度，数值会不断地被逐层分解。

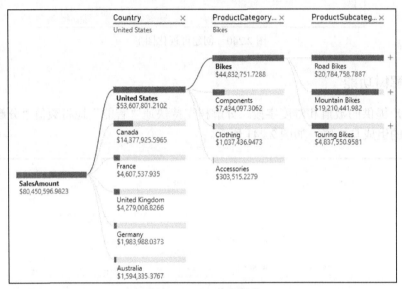

图 2.244　逐层分解数值

此时，如果单击"高值"，分解树会自动在剩余的维度中选择对数值影响最大的因素。在本示例中，"Color"字段被智能地挑选为影响因素最大的字段，如图 2.245 所示。图中的灯泡图标表示该字段为智能选择。

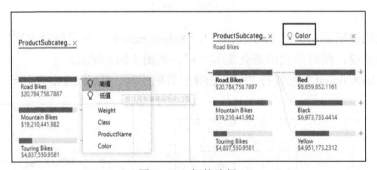

图 2.245　智能选择

分析者也可以选择"全自动"分解，单击图 2.245 旁的 ×，删除所有分支。再次单击"+"按钮，选择"高值"，重复操作，得到图 2.246 中的结果，此时的顺序组合皆是"智能"的选择。

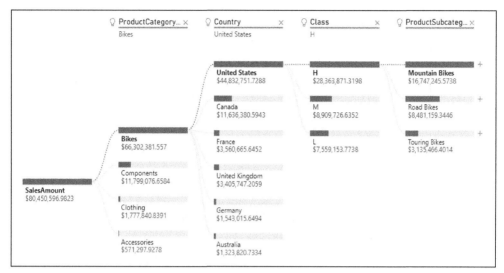

图 2.246　完全由 AI 进行分析

单击图 2.246 中的 💡 图标，符号会转换为锁状，表示该字段被"锁定"。添加一个年筛选器，再选择其中的年份，结果如图 2.241 所示。对比图 2.246，不难发现除了锁定的"ProductCategoryName"字段，其余字段出现的顺序均发生调整。这是因为制定年份中的影响因素权重发生了改变，因此分解顺序也发生相应调整。同时，分解树与其他可视化组件也是可互动的。由于分解树占用的空间较大，建议在"焦点模式"中使用，如图 2.247 所示。

图 2.247　使用"焦点模式"查阅内容

2.4.6　关键影响因素功能

关键影响因素（Key Influencer）是 Power BI 于 2019 年推出的可视化组件，其作用类似于之前的分解树，但两者可视化呈现侧重点不相同。关键影响因素先纵向依次罗列影响因素，再对所选因素进行横向对比，如图 2.248 所示。

首先，在"可视化"栏中找到"关键影响因素"，启用后参照图 2.249 放入分析目标与相关字段，随着放入足够的字段，AI 会智能列出影响因素。留意上方的描述"什么影响 SalesAmount""提高"，也就是说图中的因素是与提高"SalesAmount"相关的，分析者也可以选择"降低"。

单击"排名靠前的分段"命令，AI 能将不同影响因素进行"聚合"，成为"分段"。分段数量的多少取决于数据是否完善。在图 2.250 中，AI 归纳的分段仅为 1 个。

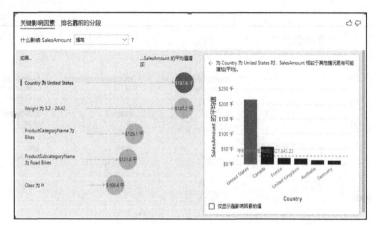

图 2.248   关键影响因素分析

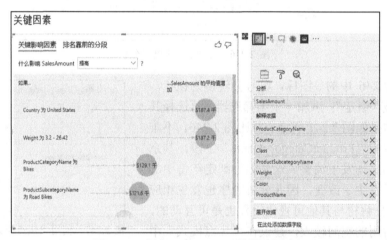

图 2.249   提高 SalesAmount 的影响因素

图 2.250   排名靠前的分段

　　单击"分段"按钮，进入具体描述界面，可观察得出"Country"与"Weight"在符合某条件情况下，"SalesAmount"有明显的增长，"分段 1"的详细描述如图 2.251 所示。

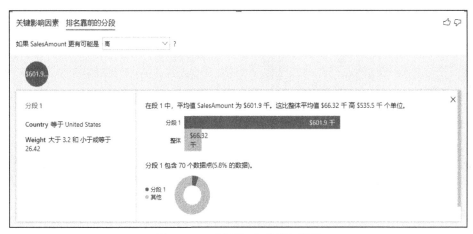

图 2.251　"分段 1"的详细描述

　　注意，并非所有字段都对数值有价值，例如图 2.252 中，放入"FiscalYear"（财年），分析并没有给出相关的影响因素，仅仅是增加了一个"ProductSubcategoryName 为 Mountain Bikes"的因素。销售无法根据"Fiscal Year"的因素采取任何销售决策，因此被视为无效因素。

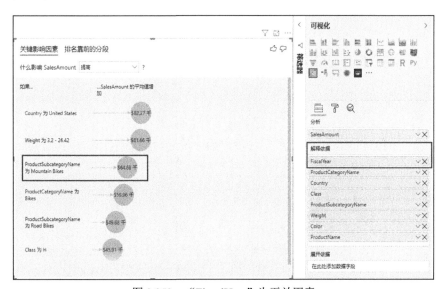

图 2.252　"FiscalYear"为无效因素

　　另外，关键影响因素功能的本质是引用"回归算法"，因此数据样本必须达到一定的量级，回归才能实现。图 2.253 中 AI 提示数据样本不足，无法运行分析。

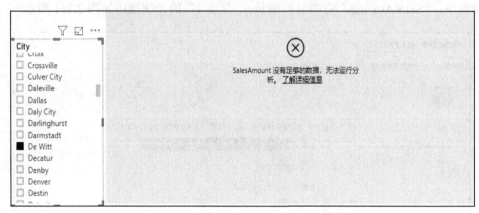

图 2.253   数据样本不足导致无法运行分析的提示

第 3 章 探索 Power Apps

3.1 Power Apps 入门

3.1.1 Power Apps 许可介绍

1. Power Apps 社区计划版本

　　Power Apps 的计划（Plan）等同于许可，在这里沿用微软公司官方称谓：计划。作为学习目的，社区计划（Community Plan）版本是第一选择，如图 3.1 所示。社区计划适用于个人学习，但内容不能与他人分享。用户申请成功后登录 Power Apps，单击登录页面右上方的齿轮图标下的"Plans"按钮，可在打开页面中查看目前订阅的计划，如图 3.2 所示。

图 3.1　获取免费社区计划　　　　　　　　　　图 3.2　查阅目前订阅的计划

2. Power Apps 标准版本

　　标准版本分为每个应用（Per App）计划和每个用户（Per User）计划两种。Power Apps 支持免费试用，试用期结束后可延长，周而复始，但如果有一天微软公司提示你无法延长了，就是该花钱的时候了。

　　关于二者在能力上的比较，请参阅图 3.3 中的对比信息，但目前还没有像 Power BI Premium 一样基于整个企业环境的计划。API request 可通过购买获取额外次数，Common Data Service 数据库和文件容量权利在租户级别共用。

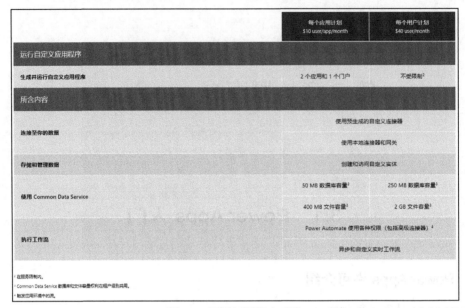

图 3.3　不同订阅版本对比

图 3.4 所示为 Portals（门户）与 AI Builder 收费标准。

图 3.4　Portals（门户）与 AI Builder 收费标准

3. Power Apps Microsoft 365（Office 365）版本

　　Microsoft 365 版本已经涵盖了 Power Apps 版本和 Power Automate 版本，如图 3.5 所示。其允许用户使用画布应用和标准接口（主要为 Office 应用），例如创建基于 SharePoint 或 OneDrive for Business 的数据应用。不足之处在于，此类应用缺乏安全、严密的数据控制体系，用户可直接访问 Power Apps 的 SharePoint 或 OneDrive for Business 的数据源。用户在个人环境下可以使用全功能的 Power Apps 版本许可，但无法分享个人环境。Power Apps 的许可可以叠加，只要购买额外的应用计划，用户就可享用额外功能。

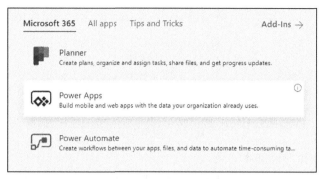

图 3.5 Microsoft 365 版本下的 Power Apps 订阅

3.1.2 Power Apps 操作界面介绍

在正式开始使用 Power Apps 之前，请确保已成功注册 Power Apps 账户。登录 Power Apps 后，默认操作界面主要分为三个功能区：Power Apps 控制面板、Power Apps 设置菜单及创建应用区，如图 3.6 所示。

图 3.6 Power Apps 默认操作界面

1. Power Apps 控制面板

（1）主页：提供默认的连接器选择、模板、学习资料。

（2）了解：包括交互式学习、深入了解、社区入口。

（3）应用：包括创建、编辑、播放、删除应用等关于应用的操作，如图 3.7 所示。

图 3.7   应用界面

（4）创建：与主页内容基本一致。

（5）数据：包括关于实体、选项集（字段选项值）、数据流（数据准备工具）、导出到数据湖、连接（已设置的数据连接）、自定义连接器（定制化数据连接口）、网关等选项，如图 3.8 所示。

图 3.8   数据实体界面

（6）流：跳转到 Power Automate 中的流选项。

（7）聊天机器人：用于与客户对话的智能聊天机器人应用。

（8）AI Builder：创建与使用 AI 模型。

（9）解决方案：用于打包集成 Power Apps、Power Automate、AI Builder 与 Dataverse 表结构（不包含数据）应用为一个方案，如图 3.9 所示。

图 3.9   解决方案界面

2. Power Apps 设置菜单

（1）█ 环境：选择所在的环境，用户可根据需求在不同的环境中创建应用。

（2）█ 通知：Power Apps 系统信息通知。

（3）█ 设置：管理中心（Power Platform 管理中心）、计划（查看目前的用户计划）、高级设置（Dynamics 365 权限设置）、Power Apps 设置（语言与时间）。

（4）█ 帮助：在线文档查询。

（5）█ 我的账户：显示账户名字缩写，在此可切换用户登录账户。

注意，管理中心子菜单中还有很多设置，例如创建环境、提交支持申请等，如图 3.10 所示。不同的环境用于实现不同的目的，如生产、测试、开发。目前平台并没有提供自动同步环境的工具，同步环境需要通过手动导出应用，再手动导入另一个环境完成。

图 3.10　Power Platform 管理中心子菜单

3. 创建应用区

用户可在此区直接创建应用，Power Apps 画布应用支持 3 种创建方式。

（1）**模板方式**：Power Apps 包含一些常有的模板应用供用户参考与使用，用户可在其基础上直接修改来创建应用。

（2）**数据源方式**：Power Apps 根据已经提供的数据源信息，自动为用户创建经典的三页面应用。

（3）**空白方式**：完全从零开始手动创建应用内容。

3.2　探索 Power Apps 画布应用

3.2.1　无代码生成画布应用

在本小节示例中，我们将演示生成如图 3.11 所示的申报示例应用功能。

1. 连接数据源

本小节示例以数据源方式创建第一个 Power Apps 画布应用：每日员工体温登记应用。

用户可登录应用，填写相应的体温记录信息。图 3.12 所示为示例数据集。

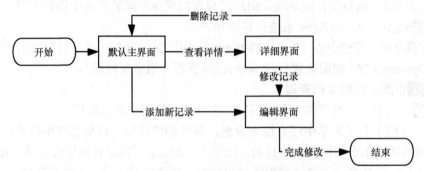

图 3.11 申报示例应用功能示意

图 3.12 示例数据集

首先将文件存放在 OneDrive for Business 中。注意，Power Apps 界面没有完全中文化，即使选择语言为简体中文，不少处仍为英文标识。登录 Power Apps 界面后，单击"创建"选项，选择"其他数据源"，如图 3.13 所示。

图 3.13 创建 Power Apps 界面

在图 3.14 左图中单击"New connection"图标，在右图中双击"OneDrive for Business"图标。

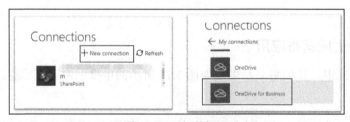

图 3.14 添加数据源

在新界面左侧显示的确认信息下，单击"Create"按钮，如图 3.15 所示。

图 3.15　创建 OneDrive for Business 连接

参照图 3.16 左图，通过文件浏览器获取 OneDrive for Business 中存放的文件。单击"每日体温申报"文件后选择对应的"申报"表单，单击"Connect"按钮，如图 3.17 右侧所示。

图 3.16　选择连接目标文件

Power Apps 会先进行初始化的设置，等候生成应用，如图 3.17 所示。

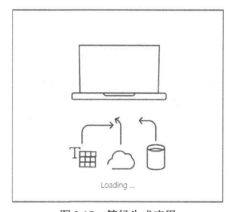

图 3.17　等候生成应用

稍等片刻，初始化完成后，可以看到由 4 个主要部分构成的、生成应用的设计界面，如图 3.18 所示。

（1）画布的控件区：用于陈列画布应用上所有的控件。

（2）画布设计区：用户可在此区域设计界面元素。

（3）画布属性区：用于展示与管理所选控件属性。

（4）画布菜单区：文件管理、控件管理、格式管理、动作管理与视图管理等功能的集合。

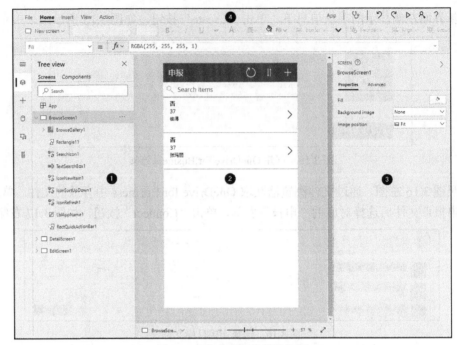

图 3.18   生成应用的设计界面

通过以上操作，**Power Apps** 为我们创建了一个自带"预览、明细查阅、修改"功能的三页面应用。

2. 修改浏览内容

选择画布上的画廊控件（GALLERY），单击属性栏中的"Fields"旁的"Edit"按钮，进行画廊控件设置，如图 3.19 最右侧图片所示。在弹出的"Data"对话框里面调整画廊显示内容，此处选择"体温""日期""名称" 3 个字段，单击 Data 旁的 × 图标完成修改，如图 3.19 所示。

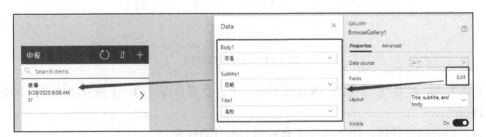

图 3.19   画廊控件设置

在修改界面，我们可改动字段的排序。选中对应的表单，单击"Edit fields"，然后通过拖曳的方式调整字段显示的顺序，如图 3.20 所示。

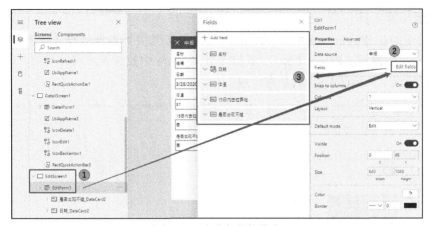

图 3.20 改动字段的排序

3. 添加记录

单击界面上方的播放图标，运行应用。在图 3.21 左图中单击"+"，添加新的记录，在右图中填入对应的信息，单击右上角的"✓"，更新记录，并自动跳至第 3 个界面中。单击菜单右上方的关闭符号退出运行状态。

图 3.21 添加记录

再次打开 OneDrive 中的 Excel 表单，可见刚才产生的新的记录，注意第二条记录与第一条记录的差别。新的记录还包括时间，每条记录会出现额外的字段"_PowerAppsId_"，该字段为自动添加的，如图 3.22 所示。

名称	日期	体温/℃	15日内去过异地	是否出现不适	PowerAppsId
彼得	28/03/2020	37	否	否	XUDYo5cKSDY
张玛丽	28/03/2020 16:00	37	否	否	dVdrbDbz05Q

图 3.22 查看 Excel 记录

4. 桌面文件编辑工具

以上操作均在 Power Apps 云端进行，微软公司提供了本地版设计应用 Power Apps Studio，可通过关键词"Power Apps"在 Microsoft Store 中找到该应用并安装，如图 3.23 所示。其功能与线上 Power Apps 的基本一致。

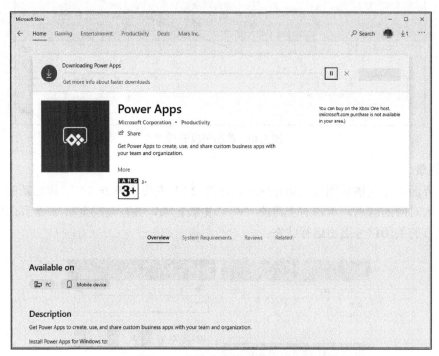

图 3.23　安装本地版 Power Apps

安装成功并登录后，可打开对应的应用，如图 3.24 所示。

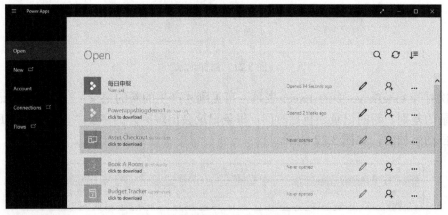

图 3.24　从本地版 Power Apps 打开应用

3.2.2　入门 Power Apps 公式

在 3.2.1 小节中，我们通过无代码方式生成了一个简易的三页面画布应用，接下来我们进一步了解应用界面的公式。三个应用界面如下。

（1）主界面（BrowseScreen1）：用于预览目前所有的数据记录。

（2）明细界面（DetailScreen1）：用于展示一条记录的所有明细信息与删除记录。

（3）编辑界面（EditScreen1）：用于添加新记录或修改已有记录。

1. 主界面公式

主界面主要有 8 个元素，如图 3.25 所示。

（1）标签：选中标签，将上方"Text"属性的值设置为"申报"，如图 3.26 所示。这就是标签文字设置的方式。

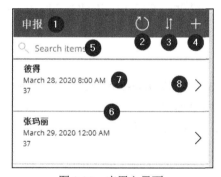

图 3.25　应用主界面

图 3.26　设置标签文字

除了"Text"，标签还有其他的属性，例如"Fill"是指标签的背景颜色、"Color"是指文字的颜色。用户可通过选择相应的属性，改动相应的值，填充背景颜色如图 3.27 所示。

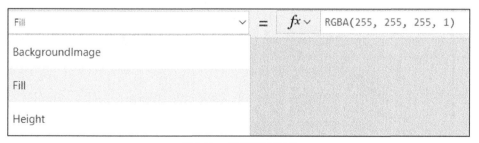

图 3.27　填充背景颜色

（2）刷新：该图标 ↻ 选自"Insert"的"Icons"，如图 3.28 所示。在属性"OnSelect"的值是"Refresh([@申报])"，Refresh()指的是刷新数据源命令，[@申报]为数据源变量，数据源设置在数据源栏中可见，如图 3.29 所示。

图 3.28　刷新功能

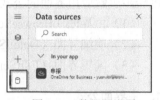

图 3.29　数据源设置

@符号用于区分变量是全局变量还是局部变量，这里的数据源是供整个应用使用的，故此使用@符合声明。当出现局部变量和全局变量重名的时候，就能体现@声明全局变量的必要性。

（3）排序：排序中属性"OnSelect"的值为"UpdateContext({SortDescending1:!Sort Descending1})"，该函数用于当前屏幕的上下文变量。

UpdateContext({变量：值})

如图 3.30 所示，SortDescending1 为变量名称，值为"!SortDescending1"。此处的"！"为相反的意思。因为"SortDescending1"为布尔值，所以返回结果只能是 True 或 False。"！"的作用是让变量"SortDescending1"在 True 与 False 值间相互转换。

图 3.30　排序公式

（4）添加：添加记录公式中的"OnSelect"属性有两部分，如图 3.31 所示。

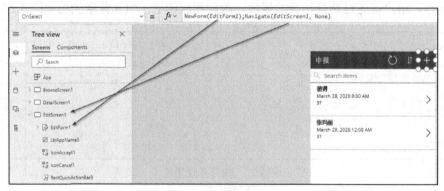

图 3.31　添加记录公式

第一部分是"NewForm(EditForm1)"。"NewForm()"的作用是启用一个新的表单，中间的参数"Edit Form1"是 EditScreen1 下的表单组件，意思是创建一个表单新记录。

第二部分是"Navigate(EditScreen1,None)"。"Navigate()"的作用是导航到指定界面,而参数是导航到"EditScreen1"编辑界面。为了提高阅读质量,可在分号后通过 Shift+Enter 键进行分行。

(5)内容搜索区:内容搜索区实质为文字输入栏,本身并没有公式,只是其属性"Hint text"的值为"Search items"。输入栏在未被使用时会有文字提示,文字提示设置如图 3.32 所示。

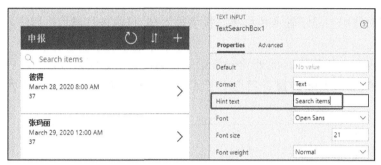

图 3.32 文字提示设置

(6)浏览画廊区:浏览画廊区英文名为"BrowseGallery",用于显示查询结果。浏览画廊区包含如图 3.25 所示的元素⑦与元素⑧,这些可视化元素都与左侧的树形视图中的控件名称一一对应,如图 3.33 所示。

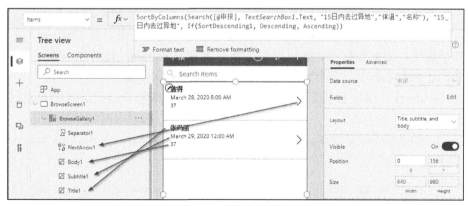

图 3.33 浏览画廊区

该控件的"Items"属性对应的是一个比较复杂的公式,该公式变量来源于如图 3.25 所示的元素③与元素⑤,公式如下:

```
SortByColumns(Search([@申报], TextSearchBox1.Text, "15 日内去过异地","体温","
名称"), "15 日内去过异地", If(SortDescending1, Descending, Ascending))
```

其中"Search([@申报], TextSearchBox1.Text, "15 日内去过异地","体温","名称")"的作用是依据元素⑤输入栏中的值，查找数据源中可匹配的结果。

"If(SortDescending1, Descending, Ascending)"与元素③的值配合，依据 SortDescending1 值返回升序（Ascending）或者降序（Descending）。

上述的两部分输出结果嵌套在 SortByColumns 中。

```
SortByColumns（ 表，字段名称，[，排序方式 1，字段名称 2，排序方式 2，... ] ）
```

整个公式的作用为显示输入栏结果，按字段"15 日内去过异地"排序，排序顺序由元素③控制。

（7）记录内容：实质上，此处的一条记录含有 3 个子元素。分别为：ThisItem.名称、ThisItem.日期和 ThisItem.体温。当选中子元素时，其"Text"属性就显示对应的值，如图 3.34 所示。

图 3.34 ThisItem 属性 Text 显示名称

ThisItem（本项目）的作用相当于代表当前记录所对应的对象，而 ThisItem.*** 是这个对象所带的属性。如果当前记录集有 N 个，就有 N 个 ThisItem，每个 ThisItem 对应一个不同的对象。正如在本例中，一个对象是彼得，一个对象是张玛丽。

通过 ThisItem.，系统会提示不同的属性，用户可根据需求选择不同的对象属性，如图 3.35 所示。

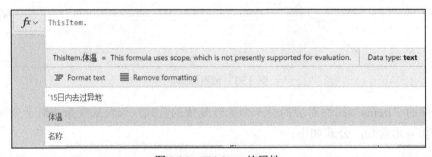

图 3.35 ThisItem 的属性

（8）跳转：用于跳转到明细界面。图 3.36 中的 Navigate 用法前文已解释。

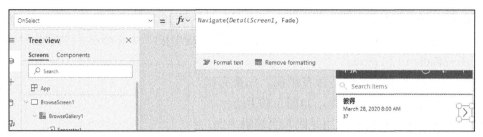

图 3.36　跳转功能

2. 明细界面公式

明细界面主要有 4 个元素，如图 3.37 所示。

图 3.37　明细界面

（1）返回：与之前相似，Navigate 用于跳转，参数选择主界面，用户也可以通过 Back 跳转至前一界面，导航命令如图 3.38 所示。

图 3.38　导航命令

（2）删除：删除图标 🗑 的代码由两段代码组成。为了更方便阅读，单击"Format text"，可让代码以层级方式显示。图 3.39 中的 "；" 分号作为公式之间的分隔符。

函数 Remove 用于删除记录，删除的对象是来自 "[@申报]" 中那个在主界面被选中的项目
——BrowseGallery1.Selected。

If 用于判断选中的记录是否有错误，如果有错误，则通过 Back 返回到主界面，如图 3.39 所示。

（3）修改：该图标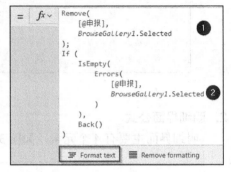的作用是跳转至编辑界面。

（4）表格显示区：显示所选 ThisItem 的相关明细内容，表格显示区中的内容和层级结构与旁边控件区的一致。

图 3.39 删除公式

3. 编辑界面公式

编辑界面主要有 3 个元素，如图 3.40 所示。

（1）取消当下修改：公式为 ResetForm(EditForm1); Back()。ResetForm 用于重置目前的表单。

（2）提交申请：用于提交表单内容，公式为 SubmitForm(EditForm1)。

（3）表单内容：表单内容用于填写内容。注意该表单类型与明细界面的表单类型不同，分别为只读类型表单与编辑类型表单，如图 3.41 所示。

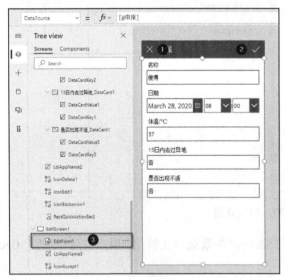

图 3.40 编辑界面

图 3.41 只读类型与编辑类型表单

自动生成报表应用共有以上介绍的 3 个界面：主界面、明细界面与编辑界面。通过 Navigate 函数，用户可在 3 个界面之间的相互切换。示例还介绍了 Form 和 Gallery 的基本概念。主界面使用的是 Gallery，用于显示所包含的记录信息；明细界面中使用的只读类型表单 DetailForm，

用于显示内容；编辑界面中使用的是编辑类型表单 EditForm，用于编辑内容。

  Excel Online 文档中的日期值会自动显示为图 3.40 中的"日期+时间"的格式，时间为 8 时。若只需要显示日期，可以修改小时字段的属性，使其默认值为"00"，再隐藏"小时"与"分钟"字段，最后用日期栏覆盖隐藏部分，如图 3.42 所示。

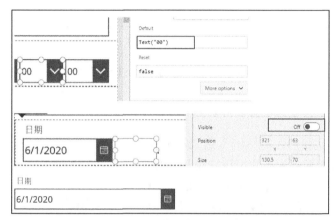

图 3.42　改进日期显示方式

3.2.3　画布应用管理

1. 保存应用

  当完成应用创建后，单击菜单"File"，在打开的 Settings 界面中输入应用名称，单击"Save"保存应用至 Power Platform 云平台中，如图 3.43 所示。"Save as"用于保存副本，还可以将副本保存到本地，如图 3.44 所示。Settings 界面可设置图标、颜色、应用描述等功能，此处不一一赘述。

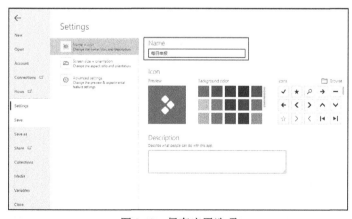

图 3.43　保存应用选项

图 3.44 保存副本

保存成功后，界面会提示成功信息，同时提供"Share"与"See all verisons"两个功能，如图 3.45 所示。

2. 分享应用

单击"Share"按钮后，在与他人分享界面中，如图 3.46 所示，搜索并添加用户或用户组与其分享应用。同时，被分享人应该拥有应用中的数据、网关、API、连接器与实体的数据权限。勾选"共有者"选项，被分享人可以编辑应用，但不能删除或更改所有者。"向新用户发送电子邮件邀请"为默认选项，被分享人会收到分享通知，单击"共享"按钮完成设置。

图 3.45 保存成功提示

图 3.46 与他人分享界面

3. 版本发布

初次保存后，应用只包含一个默认发布版本，如图 3.47 所示。

图 3.47　保存版本界面

当再次修改应用并保存，版本中则显示当前与先前有效版本。选择最新版本，单击"发布此版本"则可更新发布版本，如图 3.48 所示。所谓发布版本即生产环境的使用版本。

图 3.48　选择发布的版本

4. 导出应用

若要将应用导出当前环境 Power Apps，可在应用界面下，勾选对应应用，单击"导出包（预览）"，如图 3.49 所示。

图 3.49　导出应用

　　填写导出包的名字，单击"导出"按钮，如图 3.50 所示，将应用包含连接设置等以 ZIP 文件格式导出。

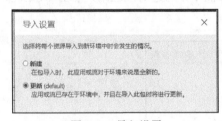

图 3.50　导出设置

　　留意图 3.50 中的"导入设置"状态为"更新"，单击该字段或者旁边的 ⌖ 符号，可选择导入设置，如图 3.51 所示。默认为"更新"状态，此处可暂时忽略该选项。

　　图 3.52 所示为导出的文件包，除了以.msapp 结尾的应用文件，包中还包括数据集结构信息与连接信息，保存文件格式为 JSON。

图 3.51　导入设置　　　　　　　图 3.52　导出的文件包

5. 导入应用

　　在新环境下，单击图 3.53 中的"导入画布应用"，在图 3.54 中单击"上载"，并指向 ZIP 导出包。

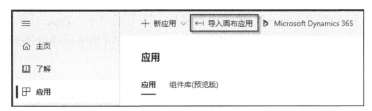

图 3.53　导入画布应用

图 3.54　上载导入包

成功选择导入包后，由于是首次导入新应用，在图 3.51 中，修改导入设置为"新建"（由于导出时默认选择为"更新"），单击"导入"按钮。完成后系统会提示成功导入所有包，如图 3.55 所示。

单击图 3.55 中的"打开应用"，由于导入环境为新环境，系统会提示是否允许新环境连接，单击"Allow"完成连接，如图 3.56 所示。当然，导入前请确认新环境使用者拥有该数据连接权限。

图 3.55　成功导入所有包　　　　　　图 3.56　运行与 OneDrive for Business 的连接

6. 创建环境

只有作为环境管理者（System admin），才可创建新的环境。创建方法如下。

（1）参照图 3.10，登录管理界面。

（2）单击图 3.57 中的 "New"，输入环境名称。试用账户下，Type 只能选择 "Trial"（30 天使用限制）。选择就近的 Region 选项，"Create a database for this environment" 项选择 "Yes"，单击 "Next"。

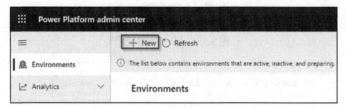

图 3.57　添加新的环境

（3）在图 3.58 中的 "URL*" 栏中输入环境名，在 "Deploy sample apps and data" 选项下选择 "Yes"，单击 "Save" 按钮，完成环境创建。

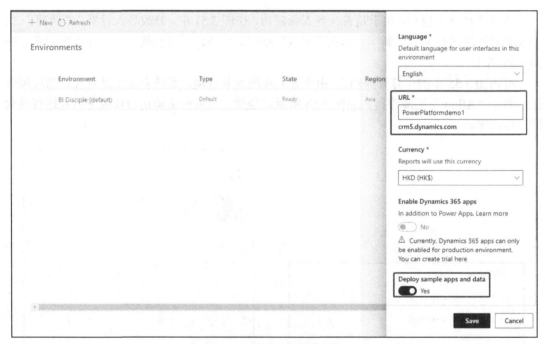

图 3.58　部署示例数据内容

7. 添加用户

为环境添加用户，可将用户设置为 Environment User 角色。选中创建的环境，单击 "Settings"，如图 3.59 所示。

在 "User + Permissions" 界面下，单击 "Users"，然后单击对应名称，如图 3.60 所示。

图 3.59　单击"Settings"

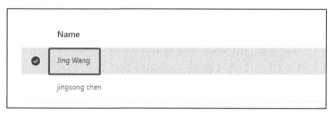

图 3.60　添加用户

在弹出的对话框中单击"MANAGE ROLES"选项，再选中"Environment Maker"项目，单击"OK"按钮完成添加，如图 3.61 所示。

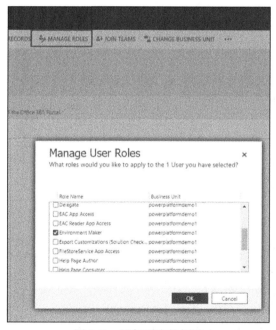

图 3.61　添加适当的权限

3.2.4　探索 SharePoint 列表应用开发

本案例演示创建申请 Power BI Premium 专有容量的应用，数据源基于 SharePoint 列表类，

图 3.62 所示为功能示意。

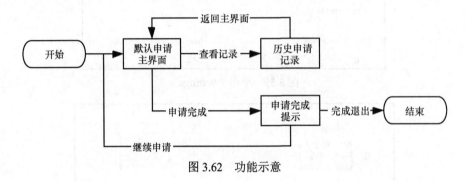

图 3.62　功能示意

1．SharePoint 列表设计

Premium 是专有资源 Power BI 专有能力，由于 Premium 资源有限，企业流程规定业务人员需要使用填表申请，得到批准后，Power BI 工作区会被分配 Premium 资源。本案例通过 Power Apps 结合 SharePoint 实现该业务场景，首先确定申请信息的明细，包括如下：

（1）项目名称；

（2）工作区名称；

（3）商业价值；

（4）工作区联系人；

（5）商业应用目的；

（6）用户人群；

（7）用户人数；

（8）项目上线日期；

（9）是否需要 GateWay；

（10）最大数据集（Pbix in MB）；

（11）刷新次数；

（12）数据连接方式；

（13）项目文档连接；

（14）是否已经阅读并遵循报表设计指南。

确定以上为表格字段后，接下来在 SharePoint 中创建对应字段。在所选的 SharePoint Online 上创建一个列表，如图 3.63 所示。

为列表添加相应的字段，如图 3.64 所示。

图 3.63　创建 SharePoint 列表

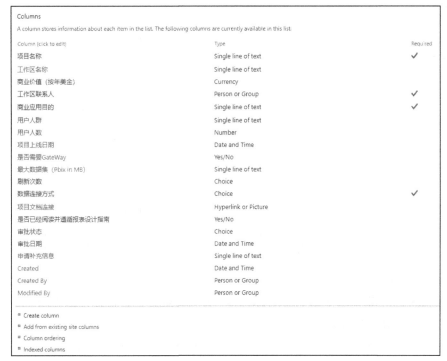

图 3.64　为列表添加相应的字段

2. 创建空白画布应用

在 Power Apps 中单击"创建"，选择"从空白开始"，创建空白画布应用，如图 3.65 所示。

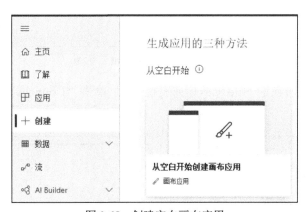

图 3.65　创建空白画布应用

输入应用名称，格式为"平板电脑"，如图 3.66 所示，单击"创建"开始创建应用。若弹出图 3.67 所示的提示框，单击"Skip"，跳过默认提示。

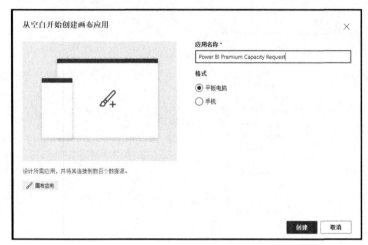

图 3.66　输入应用名称　　　　　　　　　　　图 3.67　跳过默认提示

在"Data sources"下通过关键字"SHAREPOI"筛选数据源。单击"SharePoint"，在右侧栏选择"Connect directly（cloud services）"，如图 3.68 所示。注意，数据网关只有在数据源为本地数据源的情况才需要使用。

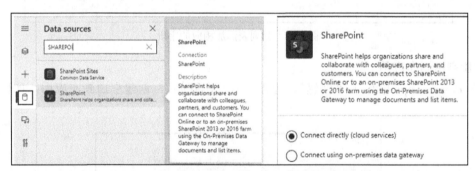

图 3.68　选择 SharePoint 数据源

复制粘贴数据源所在的 Site（不是列表位置），单击"Connect"，选择创建的列表，如图 3.69 右侧所示。

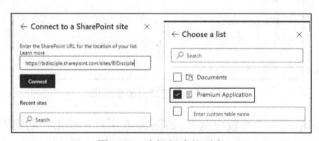

图 3.69　选择创建的列表

3. 添加表单控件

单击"+"，参照图 3.70 为画布添加表单控件。

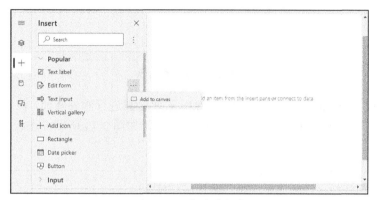

图 3.70　添加表单控件

选中新添加的表单对象，在右侧的编辑栏中的"Data source"中选择刚才成功连接的 SharepPoint 列表。一旦完成，画布上会立即显示 SharePoint 列表中的内容。用户可单击"Edit fields"，对画布上的元素进行增加与删除，还可通过拖曳对象调整显示顺序，如图 3.71 所示。

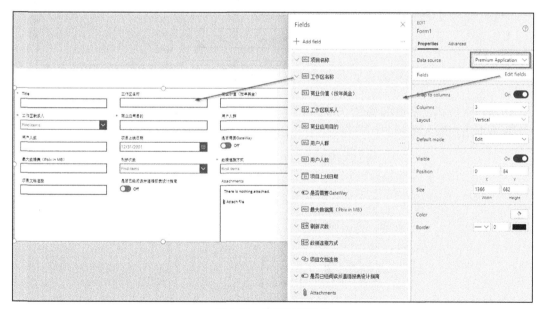

图 3.71　编辑字段属性

注意，如果 SharePoint 列表中的内容发生改变，仅需再次通过"Refresh"刷新数据源，同步表单内容即可，如图 3.72 所示。

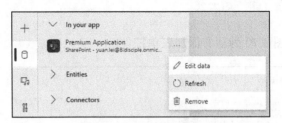

图 3.72　刷新数据源

　　表单中的属性与 SharePoint 列表属性一致，若要对其进行额外修改，首先"解锁"控件，单击修改对象，再单击属性栏中的锁，对其"解锁"，如图 3.73 所示。注意，解锁动作为不可逆操作。

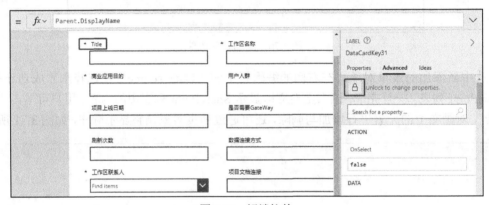

图 3.73　解锁控件

　　此处将审批状态字段的属性"Visible"设为"false"，隐藏该控件，如图 3.74 所示。这个字段不用用户输入控制，而是在提交表格时自动赋值。

图 3.74　隐藏控件

　　通过选择"Insert"菜单中的"Button"命令，插入两个按钮，在属性栏"Text"中输入按钮名称修改按钮的属性，如图 3.75 所示。

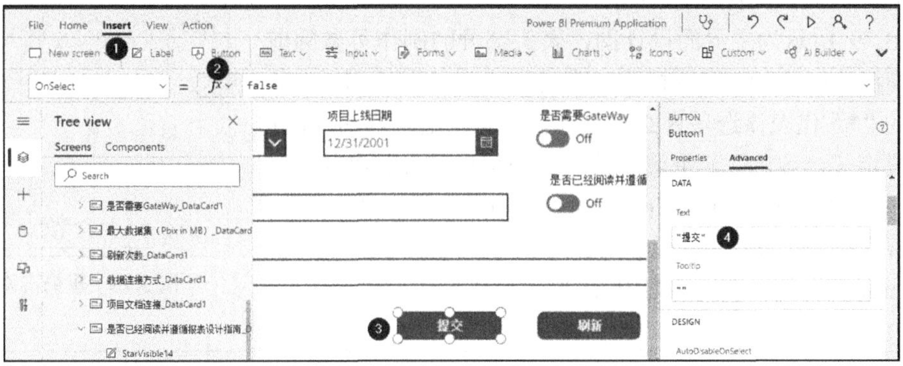

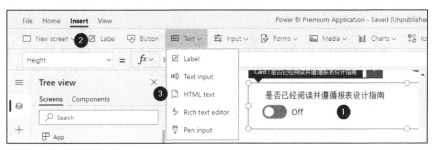

图 3.75　修改按钮属性

参照图 3.76，选中遵循报表设计指南，在菜单中单击"Insert"→"Text"→"HTML text"，插入控件。

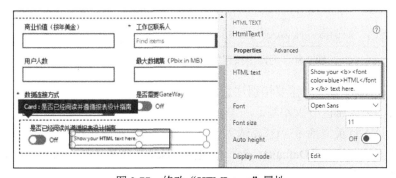

图 3.76　插入 HTML text 控件

然后，选中刚刚插入的 HTML text，修改其"HTML text"属性，放入对应 `<a href='https://×××.sharepoint.com/××××>报表指南详细指引</a>.`，如图 3.77 所示。当用户单击该连接时，会打开指南浏览页面。

图 3.77　修改"HTML text"属性

注意，在开发过程中，建议用有含义的名称代替原有系统默认名称，双击所要修改的对象名称重新命名，如图 3.78 所示。

图 3.79 所示为主界面设计图，表头部分的制作可参阅前文，不赘叙。右上方的 🔍 图标作为查询历史记录图标用。一些字段旁的 "*" 代表该选项为必填选项，其属性是与 SharePoint 中的字段定义一致的。若希望将某些非必填选项改为必填，可将工作区属性栏中的 "Required" 值从 "false" 改为 "true"。另外，留意每个工作区的 Data source 属性中的值是一串字符，来自 SharePoint 对应字段的 URL 末尾部分。

图 3.78　重命名对象

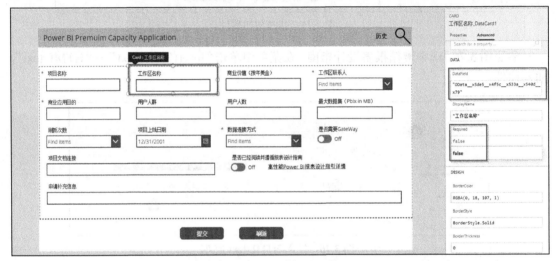

图 3.79　主界面设计图

参照图 3.80 分别为两个按钮的 "OnSelect" 属性添加代码，主界面的布置基本完成。

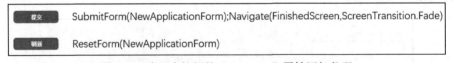

图 3.80　为两个按钮的 "OnSelect" 属性添加代码

输入 Power Apps 公式时需要特别注意以下两点。

（1）所有的公式都区分大小写。

（2）公式只支持英文括号 "()"，输入中文括号 "（）" 则会报错。

选中整个表单，将其 "DefaultMode" 值设为 "New" 或者 "FormMode.New"，如图 3.81 所示，否则报表不会显示。

图 3.81　将"DefaultMode"设为"Formode.New"

再创建一个成功提交提示，参照图 3.82 插入一个新的界面控件，名为"Scrollable"。

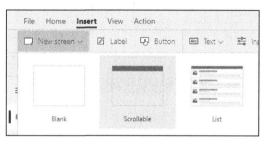

图 3.82　插入新的界面控件

在新的界面中修改表头信息，再添加一新的标签，将标签的"Text"属性修改为如图 3.83 所示的内容。User().FullName 返回当前登录用户全称信息，ApplicationNameDataCardValue1.Text（项目名称文本值）对应的是主界面项目名称字段的"Text"属性值。

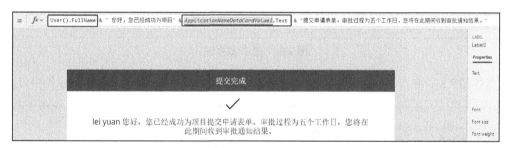

图 3.83　提示信息设置

在画布中添加两个按钮："继续提交"与"完成退出"，在其对应的"OnSelect"栏中参照图 3.84 添加相应的公式。ResetForm 命令的作用是重新设置提交表单的状态，EXIT 命令的作用是退出 Power Apps 应用，但不会关闭网页，在手机环境中，EXIT 命令用于退出应用。

4. 添加查询表单

当用户创建了 N 个申请后，为了方便用户查询，特此添加一个查询表单。系统会依据登录人的当前身份显示其已经提交的申请记录。从菜单中选择"Inset"→"New Screen"→"List"，如图 3.85 所示。

将添加的查询表单改名为"HistoryScreen"，选中表单并单击选择表单旁弹出的数据源，如图 3.86 所示。

Navigate(MainScreen,Transition.None)；EXIT()
ResetForm(NewApplicationForm)

图 3.84 添加相应的公式

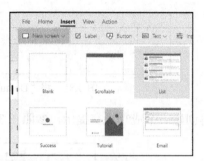

图 3.85 添加查询表单

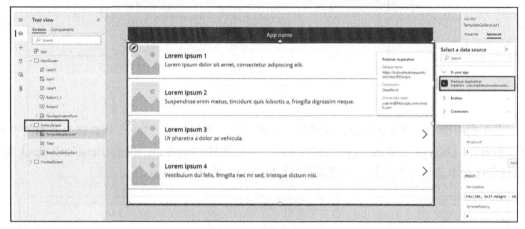

图 3.86 选择数据源

参照图 3.87，单击"Layout"属性，调整显示的格式，单击"Edit"，调整要显示的字段名称。

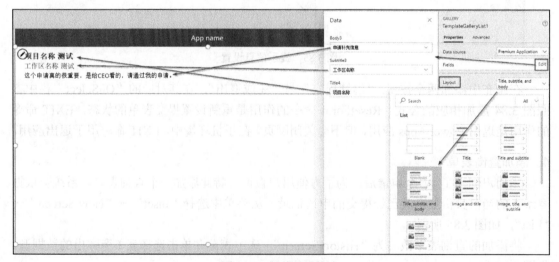

图 3.87 调整显示格式

单击"Insert"→"Media"→"Image"，在画布左上角添加一个新控件，再通过设置"Image"属性的值为"User().Image"，显示用户的图标，如图 3.88 所示。

图 3.88　添加控件

新的标签的"Text"属性为"审批状态："& ThisItem.审批状态.Value，代表显示目前该记录的审批状态，如图 3.89 所示。删除">"图标。

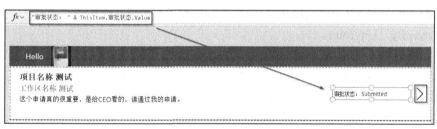

图 3.89　编辑审批状态文字内容

选中记录显示部分，在"Items"属性中输入筛选条件语句，如图 3.90 所示。对于使用过 Power BI DAX 的用户，对如下 Filter 语句应该并不陌生。前文已经解释了用法，此处不赘述。"Created By"字段是 SharePoint 列表中默认生成的原生元数据，每一条列表记录都会自动产生创建者的信息。"'Created By'.Email=User().Email"条件为当前登录用户与 SharePoint 列表创建者用户相同，也就是说每个登录用户应该只能看到自己创建申请的，而不是所有的记录。

```
Filter('Premium Application','Created By'.Email=User().Email)
```

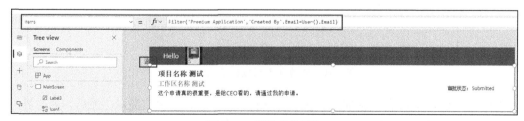

图 3.90　筛选条件语句

5. 使用委派查询

注意列表对象旁边叹号标识的警示，将鼠标指针悬浮在标识上方，提示内容为"Delegation Warning. The Filter part of this formula might not work correctly on large data sets."Delegation 的中文解释为委派。为了 Power Apps 的性能考虑，Power Apps 会将数据的处理委派给数据源，而不是将数据移到应用进行本地处理。这样的优点在于提升查询的性能，但也有一些局限，委派查询返回最大记录为 500 条，超出 500 条则只能返回前 500 条记录。目前 Power Apps 支持委派的数据源有以下几种：

- Dataverse；
- SharePoint；
- SQL Server。

Excel 数据源是不支持委派功能的，还有一部分 Power Apps 函数也不支持，如以下函数：

- First、FirstN、Last、LastN；
- Choices；
- Concat；
- Collect、ClearCollect；
- CountIf、RemoveIf、UpdateIf；
- GroupBy、Ungroup。

在非委派情景下，所有数据都必须先转到设备上，这可能需要通过网络检索大量的数据。这需要一段时间。用户可单击"File"→"Settings"→"Advanced settings"→"Value"修改非委派默认值最大上限为 2000，如图 3.91 所示。

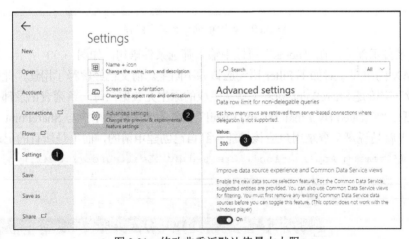

图 3.91   修改非委派默认值最大上限

对于本示例，返回结果为 500 以下是安全的，可以暂时忽视该提示。最后，为主界面与历史记录分别添加导航属性，如图 3.92 所示。表单创建完成。

图 3.92　添加导航属性

6. 提交申请记录

启动 Power Apps 应用，参照图 3.93 填写内容，注意"工作区联系人"的信息来自活动目录（Active Dictionary），数据连接方式中的值来自 SharePoint 字段列表的定义值。比起之前的 Excel 数据类型，SharePoint 类型连接能提供更完整的数据输入方式，单击"提交"按钮完成申请记录提交。

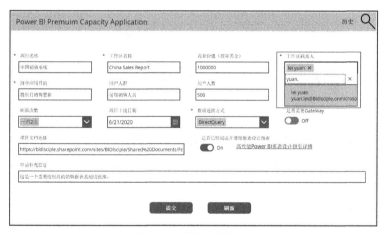

图 3.93　提交申请记录

提交成功后，访问相应的 SharePoint 连接，可见刚才提交的新记录，如图 3.94 所示。

图 3.94　SharePoint 中的新记录

通过主界面中的历史查看功能，可见当前用户所提交的记录和审批状态，如图 3.95 所示。

图 3.95　查看用户所提交的记录和审批状态

7. 设置数据源

在图 3.96 中，单击数据源标志，然后单击对应数据源右侧的"▧"，可见图中 3 个选项。

图 3.96　数据源设置

（1）Edit data（编辑数据）：该选项引导用户直接访问数据源，设计者可直接修改数据源中的内容。

（2）Refresh（刷新）：当重新打开应用的时候，可能会遇到数据连接错误提示，解决方法是手动单击"Refresh"刷新数据源连接，如图 3.97 所示。

（3）Remove（移除）：删除数据源。如果不慎删除了数据源，对应控件虽然不会被删除，但会出现错误连接提示，用户需要通过手动的方式重新设置所对应的连接。

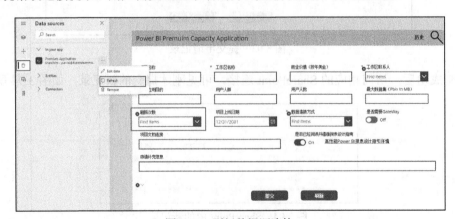

图 3.97　刷新数据源连接

8. 属性的继承特性

数据卡片相当于一个控件容器，用户可在其内添加子控件，好处是通过卡片控件能更方便统一设置子控件的属性。如图 3.98 所示，在左图中选择了"项目名称_DataCard1"，其属性"DisplayName"为"项目名称"。在右图中，子控件"DataCardKey1"的"Text"属性为"Parent.DisplayName"，此处的 Parent 指的是父控件数据卡片，也就是说可直接理解为"项目名称_DataCard1.DisplayName"。如果修改了卡片中的值，其他引用 Parent 的属性值也将发生相应的变化。在一个卡片下有多个子控件的情况下，这种属性继承就体现出了其便利性。另外，图 3.98 下方展示的是控件层级关系，选中不同的控件，下方会显示该控件的父级层级关系。留意左图中的"*fx*"标识，单击该标识后可查阅 Power Apps 中的公式详情，如图 3.99 所示。

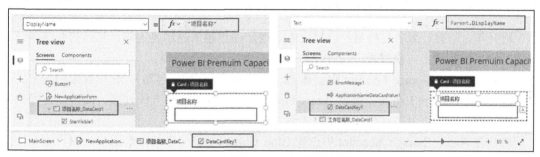

图 3.98　通过 Parent 对象继承属性

9. Excel 与 SharePoint 列表

与 Excel 数据文件对比，SharePoint 列表对数据质量的控制更加灵活，用户可细化具体的数据格式。SharePoint 列表的优势体现在以下几个方面，示例如图 3.100 所示。

（1）数据类型验证。SharePoint 列表可为字段设置检验规则，规定输入内容的类型与格式，例如只接受数值输入。这些格式标准设置是在创建 SharePoint 列表中完成的。

（2）支持活动目录认证。如与活动目录绑定，图 3.93 中的电子邮件认证就是引用的活动目录查询功能。

（3）支持下拉框中的预设值。

图 3.99　查阅 Power Apps 中的公式详情

作为延伸，在 Power Automate 相关章节将演示如何自动触发 Outlook 提示给管理员进行审批的内容。以上的示例有一个很明显的特点，即申请人必须有 SharePoint 列表的修改权限，意味着申请人是可以直接访问修改列表内容的，存在数据安全风险。仅作为一款效率工具，Power Apps 应用足够满足用户的需求。面对更严谨的风险控制，应考虑像 SQL 或者 Dataverse 这类的企业级数据库应用，前提是企业必须购买 Power Apps 的每个应用计划或每个用户计划。

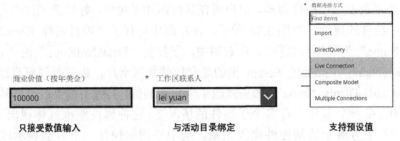

图 3.100   SharePoint 列表的优势示例

3.2.5   探索 Azure Data Service 类型应用开发

近几年，随着云服务趋势盛行，相应的落地产品也越来越广为人知。常见的业务场景是上传销售目标到线上，供报表分析使用。经典的做法有如下两种。

（1）在 Azure Storage Account 中创建 Blob Container（Blob 容器），分享权限给用户。用户通过 Azure Storage Explorer 或者 Azure Portal 上传文件。这种方法直接、简单，但用户需要熟悉文件夹路径以及如何使用 Portal 工具，体验不够友好。

（2）在 Azure Storage Account 中创建 Blob Container，分享权限给用户。用户将文件上传至 SharePoint，通过 Power Automate 将文件自动同步至 Container 中。这种方法比较方便，但用户无法直观观察上传是否成功以及无法删除已经上传的文件。

本小节介绍第三种方式，创建 Power Apps 上传界面，用户仅需要通过 Power Apps 画布应用上传文件，还可在同一界面查看与删除已上传的文件。图 3.101 所示为上传文件应用的功能示意。

制作过程分为以下 4 个步骤。

（1）创建 Blob Container。

（2）在 Power Apps 中建立 Blob 接口。

（3）创建画布应用。

（4）构建应用逻辑。

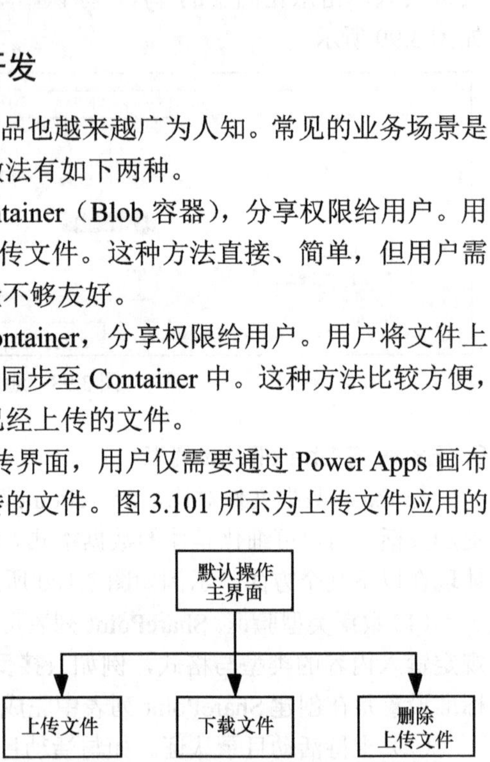

图 3.101   上传文件应用的功能示意

1. 创建 Blob Container

Azure 应用不是本书的重点，仅在此进行简略介绍。创建者需要相应的 Azure 权限，通常此步骤由 IT 或者高级用户完成。在 Azure Portal 选择创建存储账户，如图 3.102 所示。

设置创建存储账户，应注意账户名称需符合全球唯一性，如图 3.103 所示。

如果需要使用 Gen2 中层次结构命名空间，则在高级选项中单击"Gen2"选项。单击"创建"完成。安装 Azure Storage Explorer（Azure 存储浏览器），可见创建成功的 Blob Container，如图 3.104 所示。

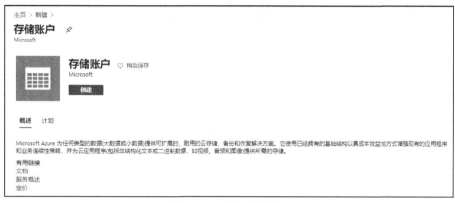

图 3.102　创建存储账户

创建存储账户

基本　网络　数据保护　高级　标记　查看 + 创建

Azure 存储是 Microsoft 托管的一项服务，它提供高度可用、安全、持久、可缩放且冗余的云存储。Azure 存储包括 Azure Blob (对象)、Azure Data Lake Storage Gen2、Azure 文件存储、Azure 队列和 Azure 表。存储账户的费用由使用量和下述所选选项而定。详细了解 Azure 存储账户 ⧉

项目详细信息

选择订阅以管理已部署资源和成本。使用资源组(如文件夹)组织和管理所有资源。

订阅 *	Microsoft Azure 赞助 ⌄
⌐ 资源组 *	PowerApps ⌄
	新建

实例详细信息

默认部署模型是资源管理器，它支持最新的 Azure 功能。可以选择改为使用经典部署模型进行部署。　选择经典部署模型

存储账户名称 * ⓘ	
	❌ 值不得为空。
位置 *	⌄
性能 ⓘ	◉ 标准　○ 高级
账户类型 ⓘ	StorageV2 (通用版 v2) ⌄
复制 ⓘ	读取访问权限异地冗余存储(RA-GRS) ⌄
访问层(默认) ⓘ	○ 冷　◉ 热

图 3.103　设置创建存储账户

```
▲ 🖳 Storage Accounts
    ▶ 🗔 dbstoragemxe32gdacfeb4 (Blob)
    ▲ 🗔 powerappsblobbl1
        ▲ 🗀 Blob Containers
              🗀 powerappsdemo1
              🗀 powerappsdemo2
```

图 3.104　Azure Storage Explorer 界面下的 Blob Container

创建空白的画布。在接口选项中搜索"Blob Storage",选择"+Add a connection"(添加连接),如图 3.105 所示。

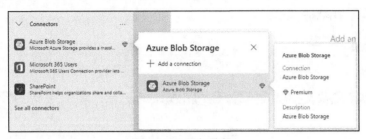

图 3.105 添加连接

在 Auzre 界面下的访问密钥中,获取存储账户名称和密钥,并复制粘贴到 Power Apps 的接口设置中,如图 3.106 和图 3.107 所示。

图 3.106 获取存储账号名称与密钥

图 3.107 粘贴存储账户名称与密钥

确保接口成功设置完成,并显示在画布应用的"In your app"下,如图 3.108 所示。

2. 创建画布应用布局

布局设计应该从设计者的脑海中开始,设计者可以选择用纸、笔或者直接在 Power Apps 画布上构建类似图 3.109 所示的草图。

上传区域使用的是"Add picture"(添加图片)控件,获取方式如图 3.110 所示。该控件可以用于上传几乎任何文件。但该控件的缺点也是明显的,每次打开文件后,要选择"All files",否

图 3.108 查阅新的数据接口

则只显示图片格式内容，如图 3.111 所示。那么有专门用于上传附件的控件吗？有，但目前必须先连接一个带有附件列的 SharePoint 列表，然后调用对应的附件控件。为演示方便，此处选用 Power Apps 中默认的图片控件。

图 3.109　画布设计草图

图 3.110　添加图片控件

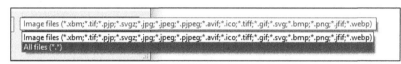

图 3.111　选择"All files"

显示区域的内容是画廊控件，创建画廊后，再往其中添加按钮与文本栏、下载与删除图标，如图 3.112 所示。

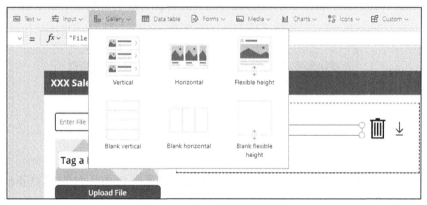

图 3.112　修改画廊控件属性

3. 构建上传文件功能

当用户在"Add picture"中选中要上传的文件后，单击"Upload File"（上传文件）按钮，进行文件上传。上传按钮对应的代码如图 3.113 所示。

第一步是先获取对应文件所在 Container 的 ID，方法是先用 AzureBlobStorage.ListRootFolderV2().value 获取所对应 Container 对象，如图 3.114 所示。注意，框中的默认值是 ThisItem.ETag，不是 ID，而我们需要的是 ThisItem.Id 值。

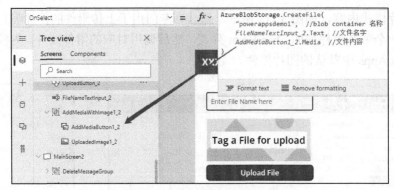

图 3.113　上传按钮对应的代码

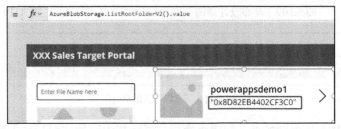

图 3.114　获取 Container 对象

将默认的 ThisItem.ETag 改为 ThisItem.Id，以获取对应的 Container ID，如图 3.115 所示。

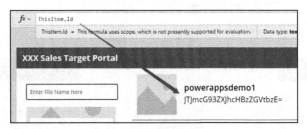

图 3.115　切换为 ThisItem.ID

参照图 3.116 更新 Gallery 的语句，正确引用对象属性值，这次可以正确显示对应
Container 下的内容了。

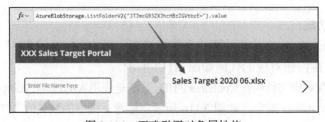

图 3.116　正确引用对象属性值

　　但是，我们发现尝试上传新文件后，画廊没有刷新变动，如图 3.117 所示，这是 Power Apps 的设计构建所限导致的。解决的方法是使用 Collection（集合）封装 Container 中的内容，再让画廊引用 Collection 中的内容。

图 3.117　画廊没有刷新变动

　　具体操作如下，将以下代码放入上传文件按钮的对应的设置中，前文有类似操作。

```
ClearCollect(
    collectFiles, //collection 名称声明
    AzureBlobStorage.ListFolderV2("JTJmcG93ZXJhcHBzZGVtbzE=").value
//引用的对象内容
)
```

　　而画廊的"Items"指向该"collectFiles"。完成后，画廊的内容会随着"collectFiles"内容动态发生变化，如图 3.118 所示。

图 3.118　设置"Items"属性为"collectFiles"

4. 构建下载文件功能

　　通过 Launch()公式可设置下载功能，具体语句如图 3.119 所示。注意，ThisItem.Path 返回相对位置，而 https://powerappsblobbl1.blob▉▉▉▉▉▉▉▉▉ 是绝对位置。

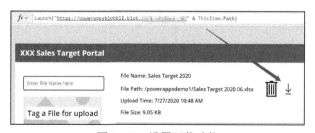

图 3.119　设置下载功能

　　单击下载按钮后，图 3.120 所示为返回结果。结果并不是错误 404，这证明访问对象确实存在。但为什么会没有结果呢？这是访问密钥缺失导致的。

This XML file does not appear to have any style information associated with it. The document tree is shown below.

```
▼<Error>
   <Code>ResourceNotFound</Code>
   <Message>The specified resource does not exist. RequestId:52b675cf-801e-0080-3dac-605979000000 Time:2020-07-23T04:50:10.4867391Z</Message>
 </Error>
```

图 3.120   返回结果

回到 Azure Storage Explorer 中，右击"powerappsdemo1"，选择"Get Shared Access Signature…"（获取分享访问签名），如图 3.121 所示。

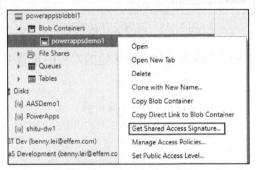

图 3.121   获取分享访问签名

设置访问签名有效日期。在弹出的对话框中，设置密钥的生效时间，单击图 3.122 左图中的 "Create"按钮，再单击右图的"Query string"旁的"Copy"按钮，复制密钥，如图 3.122 所示。

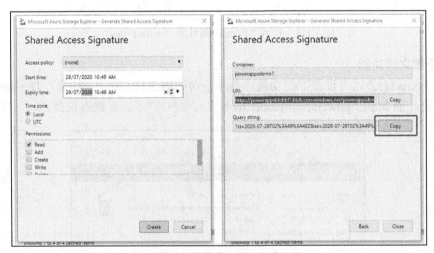

图 3.122   设置访问签名有效日期

再次设置下载功能代码，参照以下格式添加密钥，便可成功访问 Azure Blob 中的内容，如图 3.123 所示。

```
Launch("https://powerappsblobbl1.blob.                " & ThisItem.Path) & 密钥
```

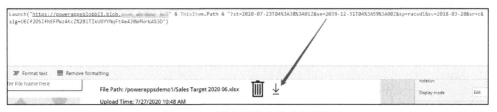

图 3.123　再次设置下载功能代码

5. 构建删除文件

参照图 3.124 构建删除文件功能，该功能一共有两步逻辑。

第一步是通过 AzureBlobStorage.DeleteFile 命令删除 Azure Container 中内容。

第二步是将更新内容同步到 collection 中，使画廊的内容发生变更。

```
AzureBlobStorage.DeleteFile(ThisItem.Id);
ClearCollect(
    collectFiles,
    AzureBlobStorage.ListFolderV2("JTJmcG93ZXJhcHBzZGVtbzE=").value
)
```

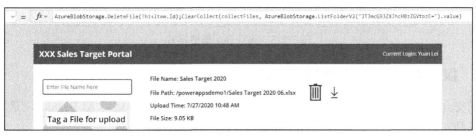

图 3.124　构建删除文件功能代码

为了完善上传文件的逻辑检查，为"Upload File"上传按钮的"OnSelect"属性中添加如下检查逻辑，包括强制输入文件名称、重置上传图像与提示结果。

```
If (
    FileNameTextInput.Text <> "", //强制输入文件名称
    AzureBlobStorage.CreateFile(
        "powerappsdemo1",
        FileNameTextInput.Text,
        AddMediaButton1.Media
    );
    ClearCollect(
        collectFiles, //collection 名称声明
```

```
        AzureBlobStorage.ListFolderV2("JTJmcG93ZXJhcHBzZGVtbzE=").value
//引用的对象内容
    );
    UploadedImage1.Image = Blank(); //重置上传图像
    Reset([@FileNameTextInput]); //提示结果
    Notify(
        "Upload Done !",
        NotificationType.Success
    ),
    Notify("Please input a name for your upload file",NotificationType.
Information)
    )
```

图 3.125 所示为设计界面最终样式。

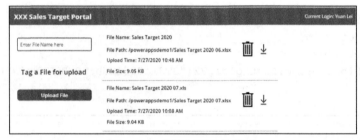

图 3.125　设计界面最终样式

3.2.6　探索 AI Builder 识别物品功能

前文介绍过 AI Builder 可嵌入 Power Apps 中使用。本案例将启用 AI Builder 功能，并将其嵌入画布应用，图 3.126 所示为 AI Builder 功能示意图。

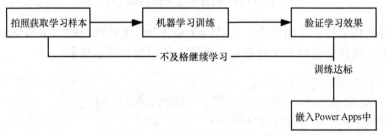

图 3.126　AI Builder 功能示意图

1. 创建学习模型

进入 Power Apps，在 AI Builder 下找到"Build"选项并且启动。如果没有购买 Premium 版本，可以申请 30 日免费试用。选中"Object Detection"（物体识别），如图 3.127 所示。

图 3.127 选中"Object Detection"

需要 Premium 订阅设置。在 Name this AI model 下的文本框中输入模型的名称"Food Detection",单击"Create"按钮,如图 3.128 所示。

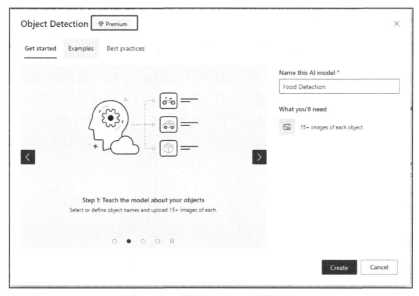

图 3.128 需要 Premium 订阅设置

AI 会询问用何种侦察模式,选择默认的"Common objects"(普遍物体)模式,如图 3.129 所示。另外两种模式是"Objects on retail shelves"(货架上的物品)与"Brand logos"(品牌标识)。单击"Next"按钮,完成学习模型的创建。

2. 训练 AI 模型

　　本示例选用 3 种不同的水果作为测试对象，先创建对象名称，单击"Next"按钮，如图 3.130 所示。

图 3.129　选择默认的"Common objects"模式

　　AI Builder 要求每个对象至少 15 张的图片作为学习输入，图片越多，拍摄的角度越不同，AI 学习的素材越多，识别的效果就越好。由于图片的数量可能很多，一般建议在手机中安装 OneDrive for Business，再通过本地文件方式直接上传，如图 3.131 所示。

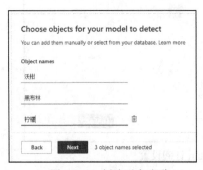

图 3.130　创建对象名称

图 3.131　上传图片

　　接下来的任务是为每张图里面的实物添加标签。单击图中的物体，再单击对应的标签，效果如图 3.132 所示。

完成这一步后就可以开始模型的训练了，训练过程对于用户是透明的、无代码完成的。单击"Go to models"（访问模型）按钮可查看训练完成的结果，如图 3.133 所示。

图 3.132　为实物添加标签的效果

图 3.133　访问模型

　　训练完成之后，系统提示模型准确率为 100%，如图 3.134 所示，这似乎是好消息。单击界面上的"Quick test"按钮可进行验证。

3. 测试 AI 模型

　　图 3.135 所示为第一张柠檬图片作为测试样本，但是，测试结果却显示为沃柑，还有 95% 的置信度。

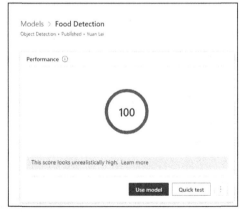

图 3.134　100%模型准确率

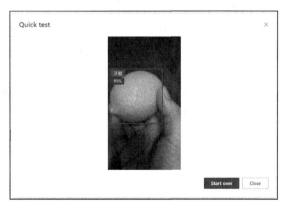

图 3.135　第一张柠檬图片作为测试样本

　　这种错误可能是由于单一的拍摄角度所造成的。真实世界中物体存在于三维空间，而照片中的物体存在于二维空间。因此，通过多个不同角度的二维照片的标签化，才能很好地代表三维物体的真实描述。之前所有的图片的拍摄角度都相似，为从上往下正面拍摄，这样自然会影响判断的结果。更好的方式是从不同角度去拍摄物体，甚至让物体重叠，这样可能更有利于真实环境下的使用。

弥补的办法就是重新训练模型，放入更多不同角度拍摄的照片，包括将之前判断错误的图重新输入模型中并且加以标签，如此重复循环，不断提高判断的准确率。

重新训练需要花费一定的时间，在此期间需要进行等待。新的数据和全部图片都要重新训练，因此时间较长，且完成后要单击"Publish"覆盖之前的模型。图 3.136 所示为重新训练模型的状态。

重新训练完毕后进行测试，判断结果正确，模型可以正确地判断物品的类别了，如图 3.137 所示。

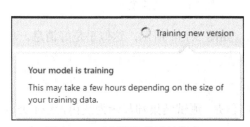

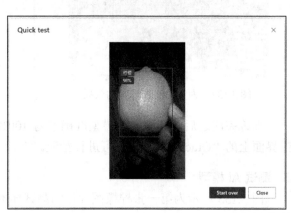

图 3.136　重新训练模型的状态　　　　图 3.137　判断结果正确

4. 嵌入 AI 模型至画布应用中

完成了 AI 模型部分，下一步要将 AI 模型嵌入 Power Apps 画布应用中。回到 Power Apps 中，创建新的应用，在上方的菜单找到"Object detector"（物体识别器）并进行添加，如图 3.138 所示。

添加完毕后选择对应的模型，再为画布添加"Gallery"，并将其"Items"属性改为"FoodDetector.VisionObjects"，让图片信息转换为文字输出，如图 3.139 所示。

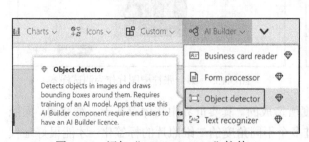

图 3.138　添加"Object detector"控件　　　　图 3.139　让图片信息转换为文字输出

进一步设置画廊中对象的属性值，包括物体名称与物体数量，也可以用"ThisItem.TagName"和"ThisItem.ObjectCount"实现，如图 3.140 所示。

运行应用，单击"Detect"按钮，开始测试新的图片，图 3.141 所示为显示识别的名称与个数。这就是一个小的 Power Apps AI 识别应用。

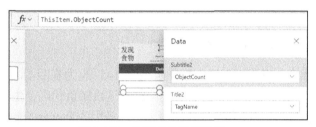

图 3.140 设置对象的属性值

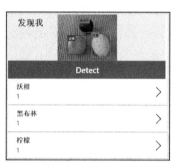

图 3.141 显示识别的名称与个数

3.2.7 Power Apps 函数介绍

到目前为止，我们已经在示例中使用了一部分 Power Apps 公式。本小节开始，我们会系统地学习如何实现 Power Apps 的重要函数。

1. 指令型逻辑与陈述性逻辑

指令型（Imperative）逻辑与陈述性（Declarative）逻辑的是逻辑处理的两种不同方式。入门 Power Apps 画布应用后，你可能感觉 Power Apps 与 Visual Basic 有些相似，都通过某个属性下设置代码，执行逻辑操作，但又不完全一致。从理论上而言，Power Apps 属于陈述性逻辑应用，而 Visual Basic 则为指令型逻辑应用。二者的主要区别如图 3.142 所示。

逻辑对比	指令型逻辑	陈述性逻辑
代表应用	C#、VB、JAVA	Power Apps、Excel
逻辑执行顺序	顺序型。定义清晰的执行步骤1、2、3	依赖型。定义数据流向关系。控件2的值指向控件1
数据流向方式	推式	拉式
执行方式	依据明确事件命令执行	依据依赖变化自动执行

图 3.142 指令型逻辑与陈述性逻辑的主要区别

图 3.143 所示为 Excel 引用示例，通过引用"B3"单元格的内容，建立"B3"与"D3"数据之间的逻辑关系。一旦"B3"值发生变化，"D3"值也随之自动发生变化，这种数据流向方式称为"拉式"。

同样的逻辑也适用于 Power Apps，图 3.144 所示为 Power Apps 中的文字引用示例。

图 3.143 Excel 引用示例

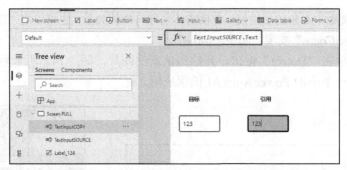

图 3.144 Power Apps 中的文字引用示例

接下来，我们将"Default"属性中的引用去除，再参照图 3.145 改为在目标中的
"OnChange"下设置赋值。当目标栏内容发生变化时，我们期望运行时这段赋值代码会生效，
这种逻辑称为"推式"。但实际情况是目标栏并没有发生任何变化，这是因为 Power Apps 并
非指令型逻辑应用。

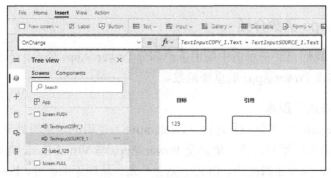

图 3.145 错误的引用方式

要实现 OnChange 效果，正确的引用方式是先将 Source 的值赋予变量"var1"，如图 3.146
所示。

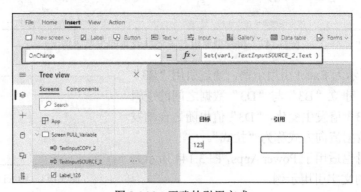

图 3.146 正确的引用方式

再在引用栏中的"Default"属性中引用该变量，如图 3.147 所示。当"OnChange"属性再被触发（指针离开目标栏）时，引用栏值也随之发生改变。

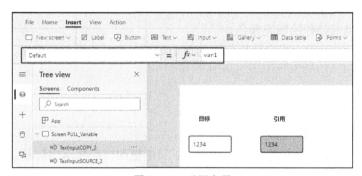

图 3.147　引用变量

2. Power Apps 函数的分类

微软公司的设计理念是 Power Apps 能给用户带来使用 Excel 一般的体验，因此，你会发现 Power Apps 函数与 Excel 函数有很高的相似度与重合度。其中 Excel 通用函数 74 个，占函数总数的 42%，Power Apps 特有函数 101 个，占函数总数的 58%。需要指出的是特有函数中，像 AddColumns、Filter、First 等函数用法与 DAX 函数一致。因此，对于熟悉 Excel 与 DAX 函数的用户而言，可轻松掌握大部分 Power Apps 函数。Power Apps 函数按逻辑可分为六大类：变量、上下文、导航、文字与格式、表、记录。前文案例中我们已经对部分常用函数进行了必要介绍，本小节继续对常用 Power Apps 函数进行总结，更全面函数详情请参考电子教学材料中 Power Apps 函数"列表，为 2020 年年初 Power Apps 的函数集合。

（1）**变量**：Power Apps 有全局变量与上下文变量两种，一个变量既可以传递数字也可以传递文字，没有类型区分。

Set：用于整个应用的全局变量。

语法：Set(变量名称, 值)

示例：Set(var1, TextInputSOURCE_2.Text)，Set(var1, 123)

UpdateContext：用于当前屏幕的上下文变量。

语法：UpdateContext({变量1: 值1[, 变量2: 变量2[, ...]]})

示例：UpdateContext({SortDescending1:!SortDescending1}),UpdateContext({Name:"Lily",Score:10})

（2）**上下文**：根据上下层级关系判断对象。

Parent：用于引用父级控件对象。与 Self 运算符一样，Parent 运算符可为容器控件提供简单的相对引用。

示例：Parent.DisplayName

解释：引用父级控件的 display 属性。

Self：用于访问当前控件的属性，并能方便地引用控件的另一属性。Self 是运算符，不支持引用 Parent.Parent、Self.Parent 或 Parent.Self。

示例：`Self.Fill`

解释：表示当前控件的填充颜色。

ThisItem：可以引用库或窗体控件中的单个记录，但只适用于引用库、编辑窗体和显示窗体控件。

示例：`ThisItem.CityName`

解释：引用数据源中当前记录的城市名称。

（3）**导航**：用于应用界面之间的导航跳转。

Navigate：用于导航至指定屏幕，Navigate 只能更改当前显示的屏幕，当前未显示的屏幕仍然在后台运行。

语法：`Navigate(屏幕[，过渡效果])`

示例：`Navigate(BrowseScreen1,ScreenTransition.Fade)`

Launch：用于启动网页或画布应用。

语法：`Launch(地址，参数，目标)`

示例：`Launch("http://bing.com/search","q","Power Apps","count",1)`

解释：打开网页 http://bing.com/search?q=Power%20Apps&count=1。

Back：用于返回上一个显示的屏幕。

语法：`Back([过渡效果])`

示例：`Back()`

Exit：退出当前正在运行的应用，返回到 Power Apps 应用列表。

语法：`Exit([Signout])`

示例：`Exit()`

（4）**文字与格式**：支持数字或字符串的格式更改。如果传递单个字符串，则返回值为该字符串的转换后版本。如果传递包含字符串的单列表，则返回值为转换后字符串的单列表。

IsMatch：用于测试文本字符串是否与包含普通字符，也用于正则表达式。

语法：`IsMatch(文本，测试模式)`

示例 1：`IsMatch(TextInput1.Text,"Hello world")`

解释 1：结果为 true。假设应用包含一个名为 TextInput1 的文本输入控件，用户在这个控件中输入的值存储在数据库中。用户在 TextInput1 中输入 Hello world，该公式会测试用户输入的内容是否与字符串“Hello world”完全匹配。

示例 2：`IsMatch("986","\d+")`

解释 2：结果为 true。通过正则表达式、\d+，匹配大于 0 的整数。

Text：用于任何值并将数字或日期时间值的格式设置为文本字符串。

语法：`Text(日期或时间值，日期格式[，语言])`

```
Text(数字或时间值，自定义格式[，语言])
Text(值)
```

示例 1：`Text(1234.59,"####.#")`

解释 1：将数字格式设置为包含一个小数。

示例 2：`Text(Now(),DateTimeFormat.LongDate)`

解释 2：将日期设置为长日期字符串格式，默认为当前用户的语言和区域设置。

示例 3：`Text(Date(2016,1,31),"dddd mmmm d")`

解释 3：以当前用户的语言环境，返回星期几、几月份和相应月份中的多少日。结果为 Saturday January 31。

示例 4：`Text(1234567.89)`

解释 4：将数字转换为字符串。

DateTimeValue：将日期和时间字符串转换为日期、时间值。

语法：`DateTimeValue(字符串[，语言])`

示例：`Text(DateTimeValue(Start.Text),DateTimeFormat.LongDateTime)`

解释：如果在名为开始的文本输入控件中输入了 10/11/2020:05:24PM，则将标签的 Text 属性设置为在当前区域设置中转换日期和时间字符串。结果为 Sunday, October 11, 2020:05:24 PM。

（5）**表**：在 Power Apps 中，可以使用这类公式来创建、更新和处理记录与表。此外，可以创建一个或多个内部表，这些表称为集合，任何表函数不会修改原始表。

Clear：函数用于删除集合的所有记录。集合的列将保留。注意，Clear 没有返回值，只能在行为公式中使用。

语法：`Clear(Collection)`

示例：`Clear(Geography)`

解释：删除 Geography 集合中的所有记录。

ClearCollect：可提供 Clear 和 Collect 的组合功能，用于删除某个集合中的所有数据，然后添加一组记录。

语法：`ClearCollect(集合，记录，...)`

示例：`ClearCollect(Geography,{CityName:"Strawberry",CountryRegionName:"United Kingdom",StateProvinceName:"England"})`

解释：清除 Geography 集合中的所有数据，然后添加新城市 Strawberry 的记录。

Table：函数从记录的参数列表创建一个临时表。该表的列将是所有参数记录属性的联合。如果某个列的记录不包含值，则向该列添加空白值。添加的表是 Power Apps 中的一个值，该值与字符串或数字类似。

语法：`Table(记录1 [，记录2，... ])`

示例 1：`Table({Color:"red"},{Color:"green"},{Color:"blue"})`

解释 1：创建列表框颜色记录表。

示例 2：Table({Item:"Violin123",Location:"France",Owner:"Fabrikam"}, {Item:"Violin456",Location:"Chile"})

解释 2：创建文本库 Item 记录表。

ForAll：函数用于针对表中的所有记录求值。该公式可以计算值或执行操作，包括修改数据或使用连接。

语法：ForAll(表，公式)

示例 1：ForAll(Squares,Sqrt(Value))

解释 1：在此我们假设 Value 列有多个数据，使用 ForAll 可以修改单列表 Value 的数据，并计算其平方根。

示例 2：ForAll(Geography,MicrosoftTranslator.Translate(StateProvinceName, "fr"))

解释 2：此时我们用 ForAll 连接了 Microsoft Translator，我们针对 Geography 表中的所有记录，将 StateProvinceName 列的内容都翻译为法语（法语的缩写为"fr"）。

（6）**记录**：用于保存编辑、放弃编辑或创建记录，请注意，这类函数不返回任何值。

EditForm：函数将窗体控件的模式更改为编辑模式 FormMode.Edit。

语法：EditForm(窗体名称)

NewForm：将窗体控件的模式更改为新建模式 FormMode.New。

语法：NewForm(窗体名称)

SubmitForm：将窗体控件中的任何更改保存到数据源。

语法：SubmitForm(窗体名称)

ResetForm：将窗体的内容重置为其初始值，即用户进行任何更改之前的值。

语法：ResetForm(窗体名称)

ViewForm：将窗体控件的模式更改为浏览模式 FormMode.View。在此模式下 SubmitForm 和 ResetForm 函数不起作用。

语法：ViewForm(窗体名称)

Patch：函数可修改数据源的一条或多条记录，可独立于 Form 控件使用。

语法：

Patch(数据源，初始记录，更改记录 1 [，更改记录 2，…]) //在数据源中修改或创建记录

Patch(数据源，初始表，更改表 1 [，更改表 2，…])// 在数据源中修改或创建一组记录

Patch(记录 1，记录 2 [，…]) //合并记录

示例 1：Patch(IceCream,First(Filter(IceCream,Flavor = "Chocolate")), {Quantity:400})

解释 1：在数据源中修改或创建记录。

示例 2：Patch({CountryRegionName: "United Kingdom" Score: 90},{Country RegionName: "United Kingdom", Passed: true})

解释 2：从数据源外部合并记录。

3.3 创建 Power Apps 模型驱动应用

3.3.1 从模板开始探索模型驱动应用

有别于专注布局设计与页面逻辑的画布应用，模型驱动应用专注于组件功能的开发，而模型驱动应用界面在很大程度上取决于组件固定设计，通过简单的步骤，用户可无代码式完成模型驱动应用的开发。

让我们从模板开始探索第一个模型驱动应用。再次进入 Power Apps 主界面，在主内容区的下方"你的应用"栏处可见数个类型为"驱动模型"的应用，单击其中的"Fundraiser"（众筹）应用，如图 3.148 所示。

图 3.148 "驱动模型"应用

在图 3.149 中，单击左侧面板中"Fundraisers"。

图 3.149 驱动模型菜单设置

单击"+New"添加新的众筹记录，如图3.150所示。

图3.150 添加新的众筹记录

在新记录框中，输入众筹人的姓名（Name），单击"Total Donations"后的箭头，输入众筹金额"1000"，单击"Save&Close"，如图3.151所示。

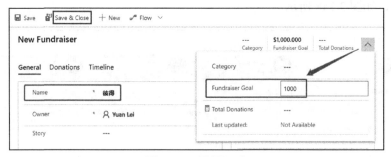

图3.151 设置记录

回到"Fundraiser"主界面后，在左侧面板单击"Donations"（捐款），打开捐款界面，在上方菜单中，单击"Other Activities"→"Donation"，如图3.152所示。

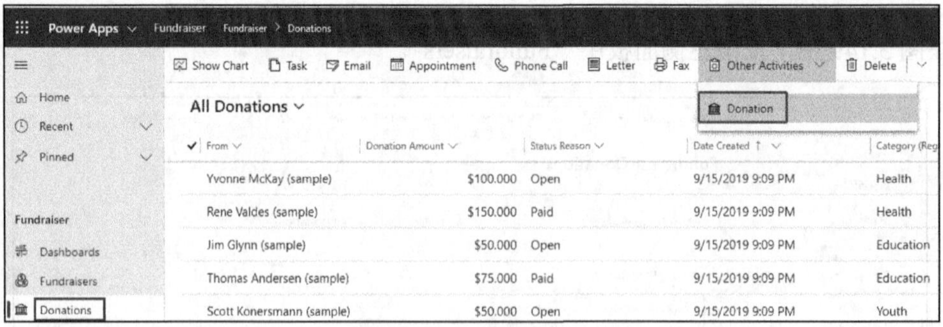

图3.152 捐款界面

在弹出的窗口中输入捐款的题目（Subject）、来自（From）、给予（Regarding）、捐款金额（Donation Amount）等记录，单击"Save & Close"，如图3.153所示。

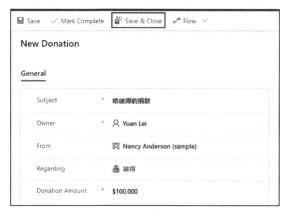

图 3.153　输入记录

应用自动跳转至如图 3.154 所示的观察可视化图 "Total Donations vs Goal by Fundraiser"中所显示的捐款统计结果。

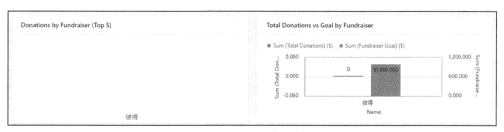

图 3.154　观察统计结果

3.3.2　模型驱动应用基本知识

1. 模型驱动应用的四大特征

到现在为止，我们完成了对第一个模型驱动应用的探索，接下来我们总结介绍模型驱动应用的四大特征。

（1）无代码应用：应用中不含任何代码或公式。

（2）基于数据模型与组件的应用布局：驱动布局是相对固定的，是由数据模型与组件共同决定的，而无法像画布应用那般细致布局地掌控。

（3）以 Dataverse 数据模型为导向：驱动模型中的数据必定来自 Dataverse。

（4）组件式应用：驱动模型是以数据、用户界面、逻辑、可视化四大组件构成的集合。

2. 组件

上文中多次提及组件的概念，究竟模型驱动应用中的组件为何物呢？在驱动模型语境中，组件分为数据、用户界面、逻辑与可视化四大类，如图 3.155 所示。

数据　　　用户界面　　　逻辑　　　可视化

图 3.155　驱动模型的组件类型

而每个组件大类下又有数个子类组件，如下所示。所有这些的集合都统称为组件，也是模型驱动应用的核心部件。

（1）数据（Data）。

- 实体（Entities）：存放数据的表。
- 字段（Fields）：表中的字段。
- 关系（Relationships）：表与表之间的关联。

（2）用户界面（User Interface）。

- 应用（Application）：应用实体。
- 网站导航（Site Map）：应用的导航地图。
- 表单（Form）：用于在实体中创建新的记录。
- 视图（View）：用于浏览实体中所选的字段数据。

（3）逻辑（Logic）。

- 流（Workflow）：包含普通流、工作流与桌面流的集合。
- 行动（Actions）：在流被触发后的行动指令。
- 规则（Rule）：用于数据层面的商业逻辑定义。

（4）可视化（Visualization）。

- 图表（Chart）：用于视图、表单或仪表板的可视化图形。
- 仪表板（Dashboard）：可视化图表的集合，提供更加丰富的数据洞察形式。
- Power BI 嵌入磁贴（Embedded Power BI Tiles）：用于在 Power Apps 中嵌入 Power BI 磁贴，实现二者的集成。

3. 创建模型驱动应用步骤

从理解程度而言，相比画布应用，模型驱动应用显得更抽象。笔者将创建模型驱动应用划分为以下步骤，如图 3.156 所示，帮助读者更好地理解如何创建模型驱动应用。

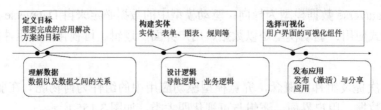

图 3.156　创建模型驱动应用的步骤

（1）定义目标：清晰定义应用解决方案的目标。

（2）理解数据：确认将会涉及的数据以及数据之间的关系。

（3）构建实体：构建包括实体、表单、图表、规则等。

（4）设计逻辑：设计导航逻辑、业务逻辑。

（5）选择可视化：选择用户界面的可视化组件。

（6）发布应用：最终发布（激活）与分享应用。

3.3.3 创建 Dataverse 表

我们会在 3.3.3 小节与 3.3.4 小节中完整演示创建模型驱动应用。本小节内容涉及"定义目标""理解数据""构建实体"3 个环节。

（1）定义目标：本示例的目标是创建一个购买产品的数据集。管理者可定义产品类，输入产品订单并查阅产品库存的历史变化。

（2）理解数据：需要的实体包括产品类表与产品库存记录表，具体的字段要求有产品类名称、联系人、产品名称、颜色、日期、库存变化。

（3）构建实体：在 Dataverse 中创建"产品类"与"产品库存记录"实体，二者关系为 1：*M* 关系。

1. 创建自定义实体

在 Power Apps 主界面中，单击"数据"→"实体"，再单击"新建实体"，如图 3.157 所示。

在弹出的对话框中，参照图 3.158，设置实体的基本信息。注意，名称为字段的实质名称，不支持中文。第一个名称为实体表名称，第二个名称的主要名称字段一般用于显示实体的主要字段值。

图 3.157　新建实体操作　　　　　　　　　　图 3.158　设置实体的基本信息

2. 引用通用模型

创建实体完毕后，单击菜单上的"添加字段"选项为实体添加字段，本步骤一共添加 3 个字段，如图 3.159 所示。第一个字段"产品类编号"为文本类型格式，第二个字段"产品类状态"为两个选项（实为布尔型）类型字段，默认值为"是"，第三个字段"产品类经理"为查找类型（LOOKUP）字段，相关表选择"Contact"。注意，这个"Contact"表是 Dataverse 自带的，作为演示，我们将"Contact"表作为 LOOKUP 表使用。

图 3.159　添加字段

成功完成以上 3 个字段的创建后，单击"保存实体"，如图 3.160 所示。

图 3.160　保存实体

3. 设置窗体

在"产品类"菜单中单击"窗体"（Form）栏，单击窗体类型为"Main"的主窗体链接，如图 3.161 所示。

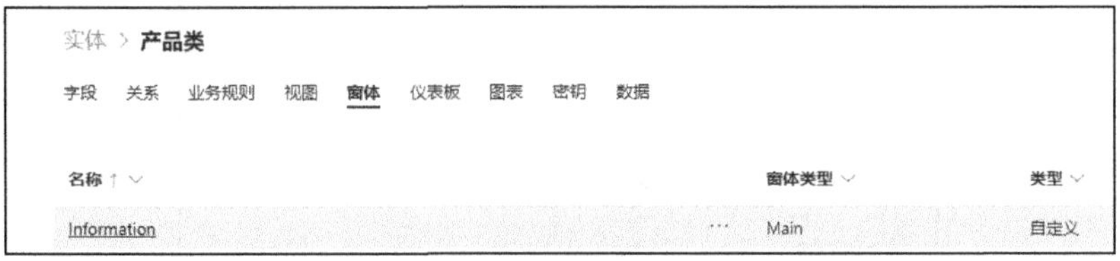

图 3.161　设置窗体

在主窗体界面下为窗体添加字段，将①处的新创建字段拖曳至②处，最后单击③处的"保存"与"发布"，完成主窗体的设置，如图 3.162 所示。

图 3.162　为窗体添加字段

在"产品类"菜单下，单击"数据"栏，再单击"添加记录"选项，如图 3.163 所示。

图 3.163　添加记录操作

为产品类输入记录，如图 3.164 所示。注意该界面实为上一步修改的主窗体布局。值得一提的是，产品类经理的信息来自 LookUp 表"Contact"。

4. 设置视图

在"产品类"菜单"数据"栏下会显示刚才创建的记录信息，但视图只含"产品类名称"与"Created On"这两个字段，如图 3.165 所示。

图 3.164   为产品类输入记录

通过修改"视图"栏下的"Active 产品类",可调整"数据"栏下的默认显示字段,如图 3.166 所示。

图 3.165   刚才创建的记录信息

图 3.166   调整默认显示字段

在"Active 产品类"数据视图中单击"添加列",逐一添加需显示的列,如图 3.167 所示。

图 3.167   为数据视图添加列

再回到数据视图中,可查看所选字段信息,如图 3.168 所示。

单击图 3.167 中"产品类经理"字段,页面将跳转至人员详情界面,如图 3.169 所示。该界面实为 Dataverse 中预设的模型驱动应用。

图 3.168 查看所选字段信息

图 3.169 人员详情界面

5. 建立表关系

参照前面步骤，再次创建新的实体"产品"，在实体中创建"颜色"字段，设置数据类型为"选项集"（Option Set），如图 3.170 所示。选项集的特点在于可预设选项内容供用户选择，规范数据内容与提供灵活性。

图 3.170 创建新的实体

保存实体后，在"关系"栏左上方中选择"添加关系"，如图 3.171 所示。选择"多对一"方式，在一表选项中选择"产品类"，单击"完成"。该设置的实际作用与前文的"查找"设置效果一致，都是建立表与表间的关系，只不过"添加关系"选项不仅仅可以设置"多对一"的关系。

图 3.171   多对一的表关系

设置关系成功后，在"关系"栏下可见"产品"与"产品类"两表间的关系设置，如图 3.172 所示。

图 3.172   关系设置

参照前文，为实体添加新字段："库存变化"（整数类型）和"日期"（日期类型），并修改该实体中的表单窗体，显示所有关键字段，以及输入以下产品信息，如图 3.173 所示。

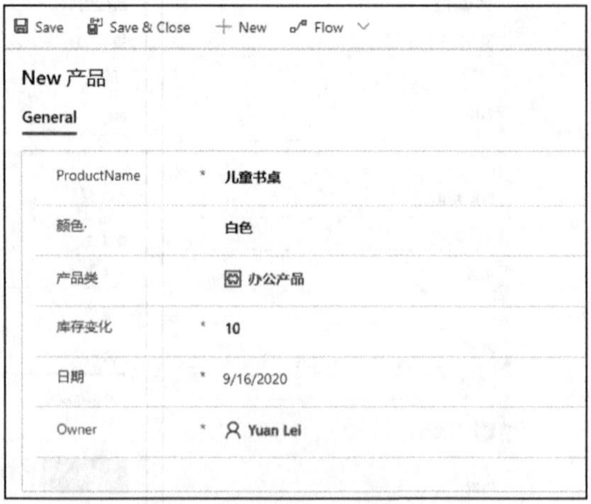

图 3.173   输入产品信息

6. 创建图表

单击图 3.172 中"图表"栏，再单击"添加图表"。然后参照图 3.174，设置图表内容。在①处设置图表的名称，在②处设置纵轴字段，在③处选择聚合的方式，在④处设置横轴字段，在⑤处选择图表类型，最后在⑥处单击保存，关闭设置。

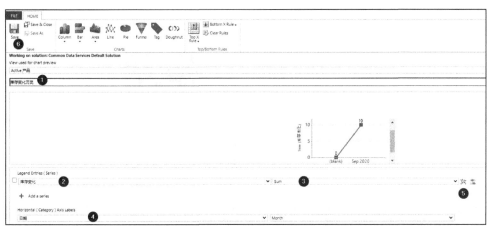

图 3.174 创建图表

3.3.4 创建模型驱动应用

图 3.175 所示为本示例应用的示意。

本小节内容涉及"设计逻辑""选择可视化""发布应用"3 个环节。

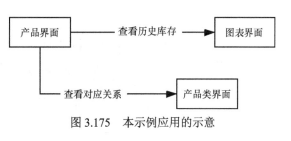

图 3.175 本示例应用的示意

1. 创建模型驱动应用

在 Power Apps 的主界面下单击应用，选择"从空白开始创建模型驱动应用"，如图 3.176 所示。

图 3.176 从空白开始创建模型驱动应用

在 Create a New App 界面输入应用的唯一名称，单击"Done"（完成）按钮，如图 3.177 所示。

图 3.177　创建新模型驱动应用

2. 设计逻辑

在 App Designer 界面下，单击"Site Map"（网站导航）旁边的铅笔图案，如图 3.178 所示。

图 3.178　添加 Site Map

参照图 3.179 所示内容对 Site Map 进行以下设置。单击①处和②处，修改名称为"产品管理"，单击③处的"+"，选择"SUB AREA"（子区域），在④处将添加的 SUB AREA 改名为"产品类"，在⑤处选择对应的"Entity"，在⑥处重复③、④、⑤的步骤，产生"产品"。最后在⑦处单击"Save And Close"关闭设置。

3. 选择可视化

自动回到之前的界面下，参照图 3.180 设置 Entity Views。在①处选择应用中要显示的"Forms"、"Views"以及"Charts"。在②处单击"Save"，再单击③处的"Publish"，最后单击④处的"Play"，启用模型驱动应用。

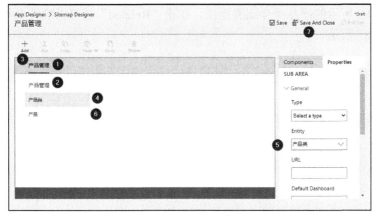

图 3.179 设置 SUB AREA 并保存

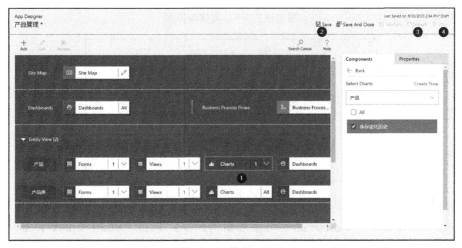

图 3.180 选择可视化

4. 发布应用

图 3.181 所示为模型应用的界面，在左侧的产品管理面板下可见 "产品类" 与 "产品"栏。单击图中的 "办公产品"，可查看或修改记录。

图 3.181 模型应用的界面

在如图 3.182 所示的产品类详细界面中，单击"Related"栏可以跳转至相关的产品记录界面，如图 3.183 所示。

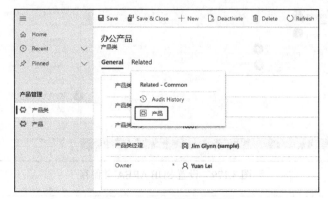

图 3.182　产品类详细界面

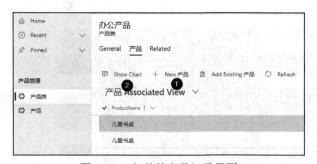

图 3.183　相关的产品记录界面

在图 3.183 中单击"New 产品"可添加新的产品，单击"Show Chart"，显示产品类视图如图 3.184 所示。

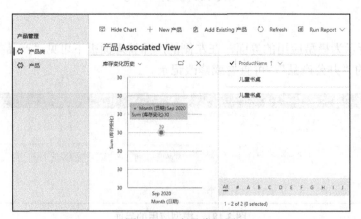

图 3.184　产品类视图

　　用户可以在图 3.180 中继续完善"Charts"设置，如设置标题，保存后再发布，查看产品库存变化如图 3.185 所示。

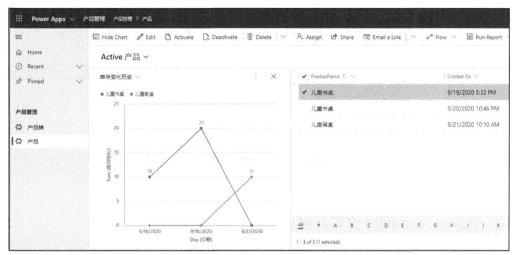

图 3.185 　查看产品库存变化

4.2 在 Power Apps 中使用流 203

4.2.3 在 PBO (按需运行) 手动触发 "Onselect" 属性, 调用流启动运行, 并获
得运行结果后回传 ....

第 4 章　探索 Power Automate

4.1　Power Automate 入门

4.1.1　Power Automate 许可介绍

Power Automate 的许可分类与 Power Apps 有相似之处，其许可有如下几种。

1. Power Automate 社区版本

Power Automate 社区版本从属于 Power Apps 社区计划版本，是免费提供的。社区版本的目的是帮助个人用户学习和培养 Power Apps 和 Power Automate 的开发技能，或者进行学术研究。由于社区版本是仅限单个用户使用的，因此它不允许用户共享应用和工作流；同时，社区版本也不能用作生产环境。

除了上述功能限制，社区版本还对用量进行了限制，如表 4.1 所示。

表 4.1　Power Automate 社区版本用量限制

流运行次数/月	750
数据库大小	200MB
文件存储	2GB

要使用 Power Automate 社区版本，首先要在 Power Automate 社区注册邮件账户，完成后用该账户登录 Power Automate 平台即可，如图 4.1 所示。

图 4.1　注册 Power Automate 社区的邮件账户

2. Power Automate 标准版本

标准版本分为按用户的许可证与按流的许可证，按用户的许可证还细分为按用户计划与包含有人参与 RPA 的每用户计划。Power Automate 标准版本定价如图 4.2 所示。

图 4.2　Power Automate 标准版本定价

表 4.2 所示为 Power Automate 标准版本的 3 种许可之间的详细差别。按用户的许可证类似 Power BI Pro 许可，拥有超级用户权限，不限量创建流。按流的许可证则类似 Power BI Premium 许可，所有组织内用户都可以使用该流。一般来说，流的设计与开发由专门的开发人员负责，完成后按许可分类在组织内发布，普通用户则不需要再次购买额外许可。

表 4.2　Power Automate 标准版本的 3 种许可之间的详细差别

功能		按用户计划	包含有人参与 RPA 的每用户计划	按流计划
基础功能	最小采购量	无	无	5 份
	按用户授权	●	●	—
执行工作流	自动化、即时和计划的云端流	●	●	●
	业务流程流	●	●	●
	桌面流(有人参与的 RPA 机器人)	—	1	—
	WinAutomation 客户端功能	—	●	—
	桌面流(无人参与的 RPA 机器人)	—	$	$
连接数据	标准连接器	●	●	●
	高级和自定义连接器	●	●	●
	本地数据网关	●	●	●
存储和管理数据	Dataverse 使用权限	●	●	●

续表

功能		按用户计划	含有人参与 RPA 的每用户计划	按流计划
每份许可的可用用量	Dataverse 数据库容量/MB	50	50	50
	Dataverse 文件大小/MB	200	200	200
	每日 API 请求数限制	5000	5000	15000
AI 功能	AI Builder 用量	$	5000	$

注：● 代表该功能已包含，—代表该功能未包含，$代表该功能需另外收费。其他表格同样适用。

3. Power Automate Microsoft 365 版本

Microsoft 365 版本包含 Power Automate 的使用权，它支持标准接口与流。Power Automate Microsoft 365 版本的许可详情如表 4.3 所示。

表 4.3　Power Automate Microsoft 365 版本的许可详情

功能		Microsoft 365 版本包含 Power Automate 的使用权
执行工作流	自动化、即时和计划的云端流	●
	业务流程流	—
连接数据	标准连接器	●
	高级和自定义连接器	—
	本地数据网关	—
存储和管理数据	Dataverse 使用权限	—
每份许可的可用用量	每日 API 请求数限制	2000

4.1.2　Power Automate 操作界面介绍

Power Automate 工作流可以通过网页界面和手机 App 两种方式访问。网页界面能提供全面的功能，包括创建和执行工作流，也可以对工作流进行管理，以及查看工作流和执行历史等。手机 App 则为用户提供一种更加方便和即时的流程执行和交互方式，用户在里面可以执行一种特殊的工作流——按钮流。

图 4.3　从 Power Apps 进入 Power Automate 工作流模块

1. Power Automate 网页界面

进入 Power Automate 主页有以下两种方法。

（1）直接进入 Power Automate 的官网。

（2）单击 Power Apps 主页左侧的控制面板中的"流"，如图 4.3 所示。可编辑现有的工作流，或者新建工作流。

进入 Power Automate 主页后，可见如图 4.4 所示的界面。该界面由左侧控制面板与右侧工作区组成。

图 4.4 Power Automate 主页

Power Automate 控制面板主要模块功能如下。

（1）**主页**：提供工作流模板、常用服务及连接器，也可以访问帮助文档和下载 Power Automate 移动应用 App。

（2）**拟办事项**：查看正在执行的审批流和业务流程流，以及接收和发送出去的任务。

（3）**我的流**：查看自己创建的云端流、桌面流、业务流程流，以及团队创建并与我共享的流。

（4）**创建**：可选择从空白开始、开始使用模板或者从连接器开始创建工作流，如图 4.5 所示。

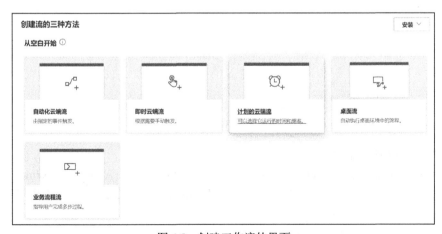

图 4.5 创建工作流的界面

图 4.5   创建工作流的界面（续）

（5）**数据**：查看和设置 Dataverse 表（旧称 CDS 实体）、连接、自定义连接器和网关。

（6）**监视**：查看桌面流的运行历史和本地数据网关的信息。

（7）**AI Builder**：创建与使用 AI 模型。

（8）**解决方案**：用于打包集成 Power Apps、Power Automate、AI Builder 与 Dataverse 表结构（不包含数据）应用为一个方案。Power Automate 解决方案界面如图 4.6 所示。

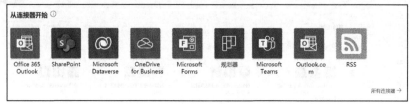

图 4.6   Power Automate 解决方案界面

2. Power Automate App 界面

Power Automate 的手机 App 支持各大手机平台，包括 iOS、Android 和 Windows Phone，可于各大应用市场下载。下面以 iOS 为例，介绍 Power Automate App 的操作界面。Power Automate App 主界面如图 4.7 所示。

Power Automate App 的各大模块功能如下。

（1）**活动**：显示最近的工作流的通知和消息，以及审批流的审批任务和状态。

（2）**浏览**：显示各种工作流的模板，其中包括各类连接器及使用到这些连接器的工作流模板。可以从中选择一个模板，然后以此为基础创建新的工作流。

（3）**按钮**：用于触发 Power Automate App 特有的按钮工作流。此界面会列出所有按钮流，每个都以"按钮"形式显示。单击某个按钮就会触发对应的工作流。某些按钮工作流还允许用户输入数据，用于工作流后续处理。

（4）**流**：显示用户创建的工作流或者团队共享的工作流。也可以在这个界面单击"+"创建新的工作流。

（5）**账户**：提供账户登录、帮助等功能。

4.1.3 工作流的结构

Power Automate 平台中的工作流都遵循一个特定的结构，即每个工作流由一个触发器，以及一个或多个动作构成，如图 4.8 所示。这个结构确定了工作流的触发条件，以及需要完成的动作。

1. 触发器

触发器是引发工作流开始运行的条件。工作流可以由多种条件触发，例如定时触发、事件触发、手动触发等。其中，事件触发是指工作流监控某种服务（称为连接器）所产生的事件，一旦事件发生，工作流就启动。图 4.9 所示为 SharePoint 连接器的部分触发条件。在创建工作流时，我们需要为它选择一种触发器，例如，我们可以选择当 SharePoint 中某个内容库中有新文件创建时，工作流就触发。

图 4.7 Power Automate App 主界面

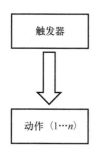
图 4.8 Power Automate 工作流的结构　图 4.9 SharePoint 连接器的部分触发条件

2. 动作

动作是工作流的核心，其定义了工作流所需要完成的工作内容。每个工作流都需要至少一个动作，但通常会有多个动作。动作可以是串行关系，也可以是循环或者条件分支。前面的动作的输出，可以作为后面的动作的输入。在工作流设计页面，可以通过拖曳的方式，添加或移动动作。图 4.10 所示是一个典型的工作流，其中包含了循环（图中"①"处）和分支（图中"②"处）的动作。

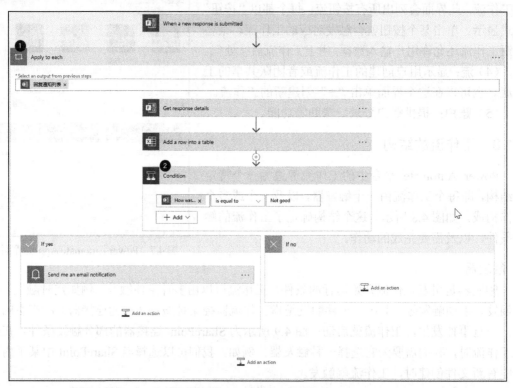

图 4.10　一个典型的工作流

4.1.4　工作流的分类

按照工作流的功能，以及触发器的种类来区分，Power Automate 工作流可以分为下面的类别。

1. 自动化云端流

自动化云端流是由事件触发的，例如当 SharePoint 上有新文件创建时，或者收到了特定人物的邮件等。不同的连接器所能提供的触发事件是不一样的，例如邮件连接器可以监控邮件接收等，而 OneDrive 连接器则可以监控新文件的创建或者修改等。

要创建一个新的自动化云端流，可以在 Power Automate 主页单击"创建"，选择"自动化云端流"，然后选择相应的连接器及事件，如图 4.11 所示。

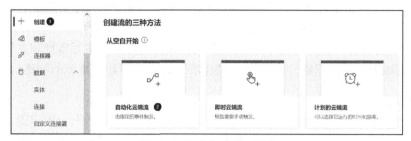

图 4.11 创建自动化云端流

2. 即时云端流

即时云端流是需经手动触发的，例如需要用户在手机 App 上单击按钮触发的按钮流，或者 Power Apps 中的某个按钮或链接触发的工作流，或者与 Power Virtual Agents 相连接的工作流。

与自动化云端流类似，创建即时云端流的方法是在 Power Automate 主页单击"创建"，选择"即时云端流"，然后选择相应的连接器。

3. 计划的云端流

顾名思义，计划的云端流是定时触发的，它可用于一些能预先规定运行时间的工作流，例如每天定时给团队发送提醒通知，每天将 SharePoint 的列表内容更新到数据库等。

创建计划的云端流时，需要选定该工作流触发的时间和频率，如图 4.12 所示。

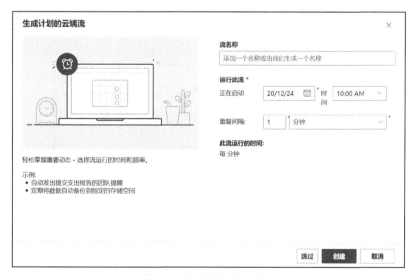

图 4.12 创建计划的云端流

4. 审批流

Power Automate 内置了丰富的审批功能,可以轻易地对流程审批实现自动化。审批其实是一种动作,它可以嵌套在各种工作流中,例如在某自动化云端流中对 SharePoint 中新创建的文件进行审批,或者在某即时云端流中由用户手动触发审批流程。

审批流可以实现单人审批、多人审批,多人审批下可以实现串行审批和并行审批,也可实现所有人都需批准,或只需一人批准。4.3.1 小节将详细讲述审批流的创建。

5. 业务流程流

在企业运作中,经常需要对业务流程进行标准化,使流程经历一定的步骤,每步都需输入或完成特定的数据项。这样能确保流程不会因为参与的人不同而有不同的操作方式。业务流程流就是针对这个目的而产生的。每个业务流程流由若干个阶段组成,而每个阶段则由若干步骤组成。以图 4.13 中的订单处理业务流程流为例,流程需经下单、备货、物流、售后服务 4 个阶段,而每个阶段都需要特定的步骤和数据。例如在下单阶段,需要输入产品及数量、收货地址、付款方式等数据。使用业务流程流,可以确保这些阶段和步骤都得以执行。

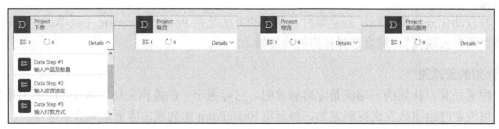

图 4.13　订单处理业务流程流

业务流程流是围绕 Dataverse 中的表而展开的,在创建业务流程流时需关联 Dataverse 表,如图 4.14 所示。

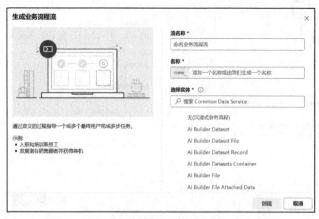

图 4.14　创建业务流程流时需关联 Dataverse 表

6. 桌面流

桌面流为 Power Automate 提供 RPA 功能。其他类型的工作流都是通过连接器的方式，与各种应用或服务相连通。这其实是通过底层的 API 来进行应用间的交互的，性能比较强。不过不是每种应用都提供了完整的 API 供使用，特别是一些相对"老旧"的应用，或者网页应用。这时就需要用到 RPA 功能了。所谓 RPA，就是记录用户在应用或网页中的操作（例如鼠标单击、键盘输入等），就像"录像"一样，然后调整参数，进行一次或多次的操作"重播"，以实现操作的自动化。

使用桌面流需要额外许可（参见 4.1.1 小节），也需要在桌面端安装 Power Automate Desktop 插件，以实现对鼠标及键盘动作的监听和重现。4.5 节对桌面流有更详细的介绍。

4.1.5　工作流模板

Power Automate 提供了大量的工作流模板，使用户无须从头开始设计流程，毕竟，我们不想重新发明轮子。基于模板进行修改，比从头开始要简单得多。而且，打开每个模板，可以看到触发器和各个动作之间的交互联系及数据传递，对学习 Power Automate 工作原理大有好处。另外，绝大部分模板都是微软公司自家开发的，流程的设计和结构比较规范。

图 4.15 所示是 Power Automate 中模板选择的界面。根据所用到的连接器，工作流模板可分为多个类别，默认按受欢迎度排序。每个模板都列出所用到的连接器的图标，如 OneDrive for Business、SharePoint 等，另外也会列出模板的发布者和总使用次数。如果列表中没有你想要使用的模板，可以在搜索栏输入关键字进行搜索。

图 4.15　Power Automate 中模板选择的界面

选定一个模板即可开始使用它。Power Automate 会使用当前账户通过连接器登录和连接到目标服务，如果无法连接，需要重新登录。一旦所有的连接均成功，会显示绿勾（见图 4.16 中的"①"处），然后单击"创建流"即可根据此模板创建工作流。

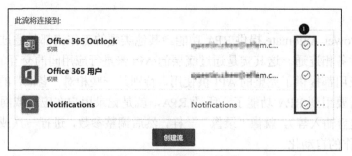

图 4.16   连接成功显示

4.2   简易流程快速上手

4.2.1   将邮件的附件自动复制到 OneDrive for Business

本小节以 Power Automate 的模板为基础创建我们的第一个工作流。然后我们会运行它，观察其运行结果。

在日常工作中，我们会收到很多电子邮件，其中很多都带有附件。随着时间的流逝，以及邮件的日渐增多，我们想再找回以前某封邮件里的附件，会越来越不方便。为了解决这个问题，我们将创建一个工作流，它将收到的邮件里面的附件自动复制到 OneDrive for Business 中的特定目录，并对附件进行重命名，且加上发件人名称和邮件时间戳，以便日后查找。

下面是此工作流的创建步骤。

我们进入 Power Automate 中模板选择的界面，在 "搜索模板" 栏输入 "OneDrive for Business"，如图 4.17 所示。单击模板 "将 Office 365 电子邮件附件保存到 OneDrive for Business"。

图 4.17   搜索与 OneDrive for Business 相关的模板

Power Automate 会检查此模板所用到的连接器的登录权限。该工作流用到 Office 365

Outlook 和 OneDrive for Business 两个连接器，均需要进行登录。如果登录正常，权限也正常，两个连接器的右边会显示绿勾，如图 4.18 所示；反之，会显示红叉。当显示红叉的时候，需要重新登录。确保所有连接都显示绿勾后，我们单击"创建流"。

图 4.18　检查与 Office 365 Outlook 及 OneDrive for Business 的连接

工作流已经创建完成，如图 4.19 所示的工作流管理界面。有关工作流管理界面的详情可参见 4.6.1 小节。单击"编辑"可以进入工作流编辑界面。

图 4.19　工作流管理界面

单击展开每个动作（见图 4.20），可以看到整个工作流的逻辑是非常清晰的。

（1）每当有新邮件到达时触发流程。

（2）对邮件中的每个附件添加如下动作。

- 将其保存到 OneDrive for Business 的 "/Email attachments from Power Automate" 目录下。
- 判断文件保存是否成功。如果不成功，则延时一定时间，再尝试重新保存。

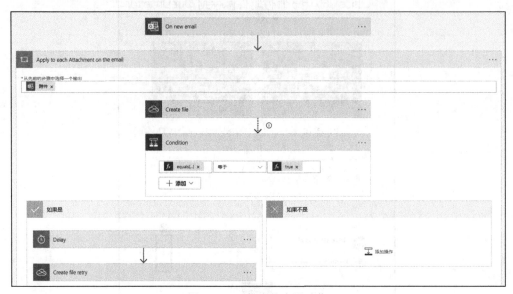

图 4.20　工作流的内置动作

展开 "Create file"（创建文件）动作（见图 4.21），可看到默认的文件保存位置。Power Automate 已经自动在 OneDrive for Business 中创建了 "/Email attachments from Power Automate" 目录。如果要对其进行修改，可单击①处的图标，选择 OneDrive for Business 中的另一个目录。需要注意的是，这个目录需要事先在 OneDrive for Business 中创建好。

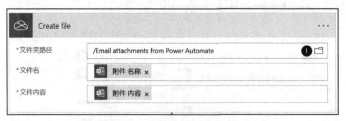

图 4.21　配置创建文件动作

默认情况下，Power Automate 会使用原附件名来保存，但这样可能会出现重名的情况。我们对其进行修改，添加邮件发件人和邮件接收时间，使附件变得更易查找和辨识，也避免了重名。如图 4.22 所示，单击 "文件名" 栏，右侧会弹出一个动态内容编辑器（详情参见 4.2.2 小节），显示可用于本活动的动态内容，其中主要是前面的活动的输出。我们在原来的

"附件 名称"后添加"-",再在动态内容编辑器选择触发器"On new email"(当收到邮件时)中的"从"(也就是邮件发件人),再添加"-",最后在动态内容编辑器选择"接收时间"。完整的文件名如图 4.22 所示的"文件名"栏。

图 4.22 修改要保存的附件名

我们对重新保存附件的动作"Create file retry"也进行同样的修改,然后单击编辑界面右上角的"保存"按钮,保存工作流。

接下来测试工作流的运行效果。我们发送一封带附件的邮件到自己的邮箱,然后登录到 OneDrive for Business 中对应的目录,可看到如图 4.23 所示的结果,附件被正确保存了。至此,我们的第一个工作流已能正常运行。当然,目前文件名中时间戳的格式比较原始,我们可以用日期格式化函数对它进行调整。4.4.2 小节会详细讲述 Power Automate 函数的使用方法。

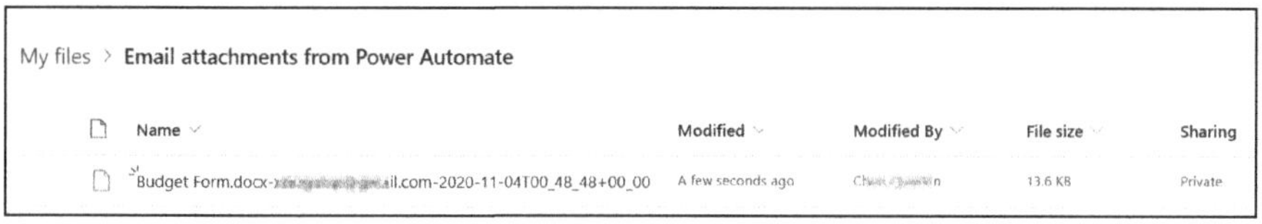

My files › Email attachments from Power Automate				
Name ⌄	Modified ⌄	Modified By ⌄	File size ⌄	Sharing
Budget Form.docx-xxxxxxxxx@gmail.com-2020-11-04T00_48_48+00_00	A few seconds ago	Chris Quentin	13.6 KB	Private

图 4.23 工作流的运行效果

返回到如图 4.19 所示的工作流管理界面,可以看到工作流的运行历史,如图 4.24 所示。

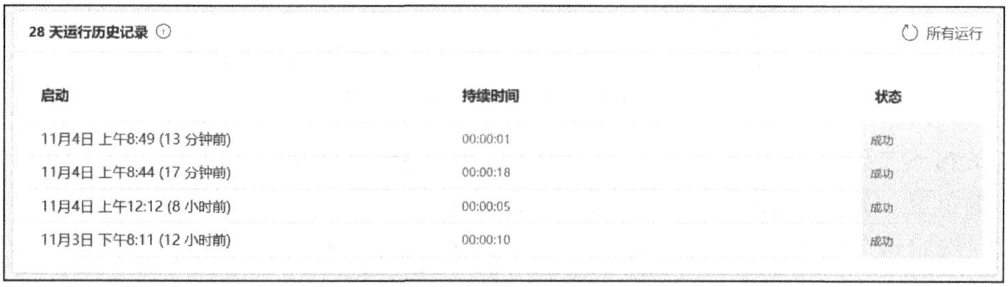

28 天运行历史记录 ⓘ		🔄 所有运行
启动	**持续时间**	**状态**
11月4日 上午8:49 (13 分钟前)	00:00:01	成功
11月4日 上午8:44 (17 分钟前)	00:00:18	成功
11月4日 上午12:12 (8 小时前)	00:00:05	成功
11月3日 下午8:11 (12 小时前)	00:00:10	成功

图 4.24 工作流的运行历史

4.2.2 自动收集 Microsoft Forms 的反馈

4.2.1 小节的例子是使用模板来创建流程。在本小节中，我们从头开始，手动创建一个工作流。本小节会使用到 Microsoft Forms，它是微软公司的在线问卷、投票和反馈收集服务，微软公司的企业和个人用户可以免费使用。

我们将会使用 Microsoft Form 创建一个在线问卷，用于在培训课程结束时，让学生对课程和讲师进行评价反馈。我们的工作流将会监控这个问卷，一旦有新的反馈，就将反馈的内容添加到 OneDrive 上的一个 Excel 表格中。同时，如果反馈的内容反映学生对老师不满意，工作流将自动发邮件通知老师，让老师进行后续跟进。

本工作流的创建过程如下。

（1）登录 Microsoft Forms 创建课程反馈表。该过程比较直观，此处不赘述。使用 Microsoft Forms 创建的课程反馈表如图 4.25 所示。

图 4.25　使用 Microsoft Forms 创建的课程反馈表

（2）接下来创建一个 Excel 工作表，用于存放收集到的反馈。在工作表中添加如下的标题栏：时间戳、姓名、邮件、讲师评价、总体评价。

（3）选定这个标题栏的 5 个单元格，将其变成 Excel 中的表格。单击"插入"→"表格"，然后勾选"表包含标题栏"，再单击"确定"按钮，如图 4.26 所示。

（4）创建好的 Excel 表格如图 4.27 所示。将这个 Excel 工作表保存在 OneDrive 上。

图 4.26 在 Excel 中创建表格　　　　图 4.27 创建好的 Excel 表格

（5）接下来开始创建 Power Automate 工作流。在 Power Automate 主页中，选择"创建"→"从空白开始"→"自动化云端流"。在其中输入流名称，并选择"提交新回复时 –Microsoft Forms"作为工作流的触发器，然后单击"创建"（见图 4.28）。

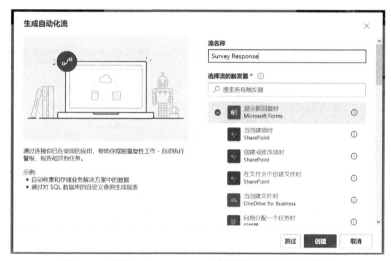

图 4.28 使用 Microsoft Forms 触发器创建自动化端流

（6）进入工作流的编辑界面，配置触发器如图 4.29 所示。目前工作流中只有一个触发器。在触发器中选择刚刚创建的 Microsoft Forms 表单，然后单击②处的按钮，选择"设置"，然后关闭"拆分"选项，如图 4.30 所示。这是为了减少流程的触发次数，将多份反馈合并在一起，一次性地触发流程，以提高流程运行效率。

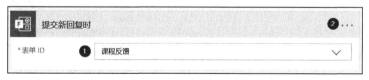

图 4.29 配置触发器

图 4.30　关闭触发器中的"拆分"选项

（7）回到工作流编辑界面，单击"+新步骤"，搜索并添加"应用到每一个"动作，编辑界面会出现如图 4.31 所示的新动作。单击图 4.31①处的输入框，在弹出的动态内容编辑器中，选择"回复通知列表"。之所以要使用"应用到每一个"动作，是因为如前所述，多份反馈会被合并在一起，一次性地触发本工作流。

图 4.31　添加"应用到每一个"动作

（8）从 Microsoft Forms 中读取反馈信息。单击"添加操作"，搜索并添加"获取回复详细信息"动作，如图 4.32 所示。在"表单 ID"处选择前面所创建的表单，在"回复 ID"处单击，在弹出的动态内容编辑器中选择"回复通知列表 回复 ID"。

图 4.32　添加"获取回复详细信息"动作

（9）反馈信息后，接下来将它写入 Excel 表格。单击"添加操作"，搜索并添加"在表中插入新行"动作，如图 4.33 所示。在①～④处选择 OneDrive 中对应的目录及 Excel 文件，以及 Excel 文件中创建的表格，然后在⑤～⑨处分别填入需要保存的反馈信息。每一处输入都可以从右侧弹出的动态内容编辑器中选择，不用手动输入。

图 4.33　在 Excel 表中插入反馈表中的信息

在此步操作后，工作流就能"跑"起来了，但我们还想添加一项功能：一旦学生对讲师的评价不佳，工作流将发送一封邮件通知讲师，让他能与学生联系，进行跟进和改进。

（10）单击"添加操作"，搜索并添加"条件"动作。这个动作会进行条件判断，然后让工作流产生分支。添加"条件"动作如图 4.34 所示，单击①处，从动态内容编辑器中选择"获取回复详细信息 – 你觉得讲师讲得如何？"；在②处输入"不好"。这个"不好"是我们在设计问卷时设计的选项之一。

图 4.34　添加"条件"动作

（11）在"条件"动作下面有两个分支，分别是"如果是"和"如果不是"。我们只需在"如果是"分支下添加动作。单击"添加操作"，搜索并添加"发送电子邮件通知（V3）"。如图 4.35 所示，填写邮件的内容。请留意，邮件的正文可以混合静态内容和动态内容。

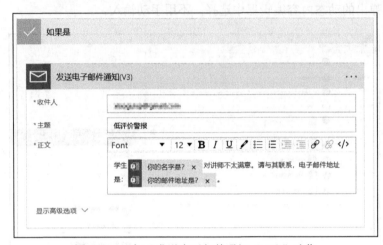

图 4.35　添加"发送电子邮件通知（V3）"动作

（12）最后，保存工作流，即可测试它的运作。在问卷中填入一些反馈，其中对讲师的评价选择"不好"。然后打开 OneDrive 上的 Excel 工作表，可以看到反馈信息已经添加。同时，邮箱中也收到了通知，显示需要与学生联系。工作流运行效果如图 4.36 所示。

图 4.36　工作流运行效果

4.2.3　让 Power Automate 在 10 分钟后发送提醒

上面的例子都是在 Power Automate 网页端创建工作流，我们其实还可以利用 Power Automate 手机 App 创建并运行工作流，其中最方便的是按钮流。按钮流是一种即时云端流，可以通过在手机 App 上单击按钮来触发。

下面我们利用 Power Automate 手机 App 来创建一个"10 分钟后提醒我"的按钮流。利用模板，创建的过程十分简单。我们也会看看按钮流是如何触发的。这个例子我们用 iOS 上的 Power Automate App 来演示。在其他平台上，如 Android 和 Windows Phone，其界面和运行原理是相似的。

（1）打开 Power Automate App，进入"浏览"界面，如图 4.37 所示。这个界面列出了 Power Automate 的工作流模板。

（2）点选"10 分钟后向我发送提醒"模板，点选"使用此模板"，如图 4.38 所示。

图 4.37　Power Automate App 的浏览界面

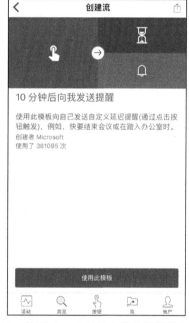

图 4.38　使用"10 分钟后向我发送提醒"模板

（3）图 4.39 所示为该工作流的结构。其中，最主要的是"Delay"（延时）动作。点选"Delay"动作右边的"…"，可以自定义延时的长短。在这里我们不进行修改。点选界面右上角的"创建"按钮完成工作流的创建。

（4）接下来，我们触发该工作流。进入"按钮"界面，如图 4.40 所示。点选界面中央的圆形按钮，即触发了工作流。

（5）10 分钟后，手机会发出提醒，如图 4.41 所示。

作为演示，这个工作流的结构和功能都很简单。在实际使用时，可以再加以定制化，实现丰富多样的功能，例如一键发消息通知领导，领导发邮件时在手机特别提醒我，等等。

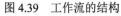

图 4.39 工作流的结构

图 4.40 "按钮"界面

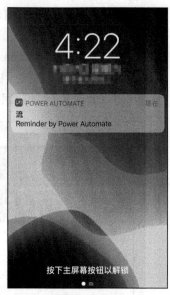

图 4.41 按钮流触发时的手机提醒

4.3 进阶流程的创建

4.3.1 创建审批流

审批是工作流最常用的功能之一。虽然使用工作流很大程度上是要利用其自动化运行的特性，但很多时候，人工判断和审批在流程中仍是必不可少的。审批功能将自动化的流程运行和人工的判断有机地结合起来，从而实现丰富的业务功能。例如，重要的文档在完成初稿后，可以利用审批功能，确保得到领导和相关团队的审核和批复。而且订单、计划、报销、休假、预算等与公司日常业务息息相关的流程，也可以使用审批功能。

1. Power Automate 的审批动作

Power Automate 内置了 3 个与审批相关的动作，可以实现非常丰富的审批功能，例如单人审批、多人审批。多人审批下，还可以并行审批或串行审批。并行审批下，也可以配置需要等待所有人审批完成，或者只需一人审批。图 4.42 所示为 3 种审批动作。

表 4.4 所示为 3 种审批动作及其审批效果。

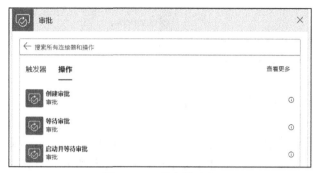

图 4.42 3 种审批动作

表 4.4 3 种审批动作及其审批效果

审批动作	审批效果
创建审批	启动审批流程，但不等待审批完成，随即开始后续的动作。一般在后续若干个动作后，会由一个"等待审批"动作来接上，以处理审批结果
等待审批	等待指定审批完成，以便处理审批结果。通常对接前面流程的"创建审批"
启动并等待审批	启动审批流程，然后等待它完成。后续的动作在审批完成后才会启动

2. 审批的类型与效果

每种审批动作都可以选择多种审批类型，用于确定审批的结果和行为。Power Automate 默认的审批结果是"批准"和"拒绝"，除此以外，也可以用自定义的结果，例如"是""否""不确定"等。而审批行为，则确定是否需要多人审批，以及是否需要全员批准。具体的审批类型说明如表 4.5 所示，在审批动作中选择审批类型如图 4.43 所示。

表 4.5 具体的审批类型说明

审批类型	审批行为
批准/拒绝 – 所有人都必须批准	需要所有审批者都批准，才算得到批准。 如果用于"启动并等待审批"动作，那么后续动作会在所有审批者都批准了，或者某个审批者拒绝后才会执行
批准/拒绝 – 首先响应	只要第一个审批者批准或拒绝，那么整个动作就完成。 如果用于"启动并等待审批"动作，那么后续动作会在第一个审批者批准或拒绝后执行
自定义响应 – 等待一个响应	只要一个审批者有回应，动作就算完成
自定义响应 – 等待所有响应	所有审批者都要回应后，该动作才算完成

3. 如何进行审批

　　审批流触发后，Power Automate 会向审批者发出邮件通知。如果审批者有安装 Power Automate 手机 App，也会收到通知。审批者可通过以下方式进行审批流审批。

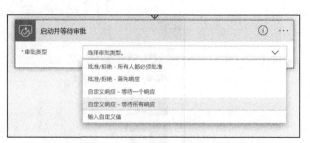

图 4.43　在审批动作中选择审批类型

　　（1）**邮件**：审批者收到的邮件被称作"可操作邮件"，里面会内嵌按键和文本框，可供审批者直接在邮件中进行批准或拒绝，并将结果自动反馈给 Power Automate 服务端。

　　（2）**审批中心**：Power Automate 网页中有一个审批中心，可通过网页左侧导航条的"拟办事项"中的"审批"进入。其中可看到接收到的审批请求，以及已发出的请求别人审批的请求。

　　（3）**Power Automate 手机 App**：在手机 App 中的"活动"页面进行审批。

4. 审批流示例

　　接下来，我们通过一个例子创建一个审批流，用于对员工提交的费用报销进行审批。本审批流利用 SharePoint 列表来保存员工费用报销的申请，SharePoint 列表每新增一个项目，就代表员工提出了一份新的报销申请。审批流监控 SharePoint 列表，有新项目就会触发，然后启动审批流，让财务团队审批。然后审批流会根据审批的结果，对 SharePoint 列表中的项目状态进行更新，并通知员工。图 4.44 所示为审批流的流程图。可以看出，这个审批流的逻辑是经过简化的，例如我们没有创建用户输入报销申请的界面，而仅仅使用 SharePoint 默认的列表编辑界面。审批批准后，我们也没有进行后续付款处理，而仅仅通知员工和修改 SharePoint 列表项目的状态。即便如此，本例也能很好地解释如何使用 Power Automate 的审批流。

　　下面是审批流的具体创建步骤。

　　（1）在 SharePoint 中，创建一个列表，

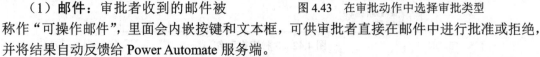

图 4.44　审批流的流程图

命名为"费用报销"。列表中包含如表 4.6 所示要创建的列。

表 4.6　SharePoint 列表中要创建的列

列	类型	是否必填	默认值
费用类别	单行文本	是	—
费用日期	日期和时间	是	—
金额	货币	是	—
费用原因	单行文本	是	—
审批状态	是/否	否	否
审批理由	单行文本	否	—

（2）创建审批流。选择"创建"→"自动化云端流"，输入流名称，并选择"当创建项时 SharePoint"作为审批流的触发器，并单击"创建"按钮，如图 4.45 所示。

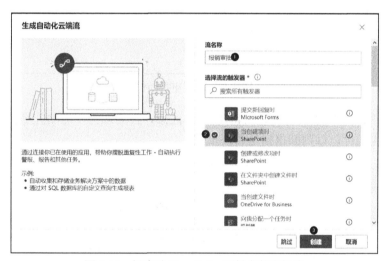

图 4.45　创建以 SharePoint 项触发的审批流

（3）选择 SharePoint 站点地址和第（1）步中创建的列表，如图 4.46 所示。

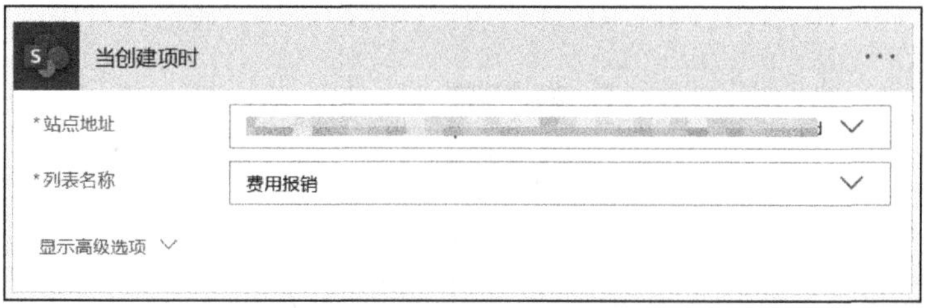

图 4.46　配置审批流触发器

（4）搜索并添加"启动并等待审批"动作，选择"批准/拒绝 – 首先响应"作为审批类型，这意味着我们只需要财务团队中任意一人批准即可。"已分配给"栏位是指审批者，可以输入一人或多人的邮件地址。其余栏位按照图 4.47 所示填写。

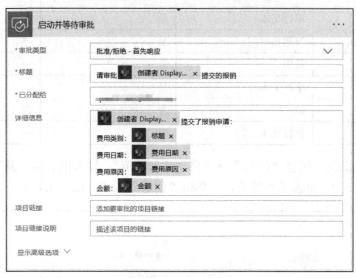

图 4.47　配置审批动作

（5）添加"条件"动作，如图 4.48 所示。注意，需要选择"启动并等待审批"动作中的"结果"作为条件，以判断报销是否获批准。

图 4.48　添加"条件"动作

（6）在"如果是"分支中，添加"SharePoint– 更新项"动作，然后按照图 4.49 所示来更新该项的内容。需注意的是，"审批状态"需选择"是"。而"审批理由"选择了"响应 注释"后，Power Automate 会自动添加一层"应用到每一个"动作，这是由于审批动作返回的"响应"是一个集合，即使只有一个人审批，也会返回只有一个值的集合。

图 4.49　根据审批结果更新 SharePoint 列表项内容

（7）在"更新项"动作后，添加"发送电子邮件（V2）"动作，如图 4.50 所示。邮件要发送到"创建者 Email"，即 SharePoint 列表项目的创建者，也就是报销的申请者。

图 4.50　添加"发送电子邮件（V2）"动作

（8）仿照第（6）步和第（7）步，在"如果不是"分支内，添加"SharePoint– 更新项"和"发送电子邮件（V2）2"动作。在"更新项"动作中，需要将"审批状态"设置为"否"，而在"发送电子邮件（V2）2"动作的设置中，需要列出拒绝的原因，如图 4.51 所示。

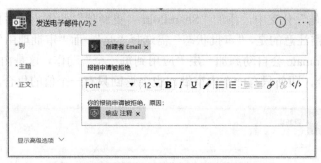

图 4.51 邮件回复申请者报销被拒并附上原因

保存好审批流后，就可以测试其效果。在 SharePoint 列表中添加一个新的项目，也就是创建一个新的报销申请。然后登录到审批者的邮箱，可以看到一封来自 Power Automate 的新邮件，如图 4.52 所示。这是一封可操作邮件，审批者可直接单击"批准"按钮，或者单击按钮旁的下拉箭头，输入审批的评语。

图 4.52 发给审批者的可操作邮件

审批完成后，SharePoint 列表中的报销项目状态也被更新了。审批状态变成了"是"，审批理由也更新了，审批完成后的 SharePoint 列表项如图 4.53 所示。

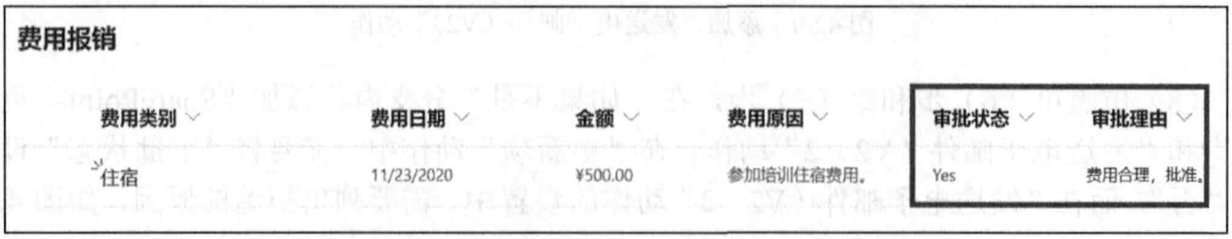

费用报销					
费用类别 ∨	费用日期 ∨	金额 ∨	费用原因 ∨	审批状态 ∨	审批理由 ∨
住宿	11/23/2020	¥500.00	参加培训住宿费用。	Yes	费用合理，批准。

图 4.53 审批完成后的 SharePoint 列表项

4.3.2 整合 Power Apps 和 Power Automate

如前文所述，Power Automate 与 Power Platform 的其他组件有很强的互通性，可以很方便地互相调用，以实现更丰富的功能。例如，Power Apps 的按钮和超链接就可以调用 Power Automate 工作流。得益于 Power Automate 众多的连接器和模板，很多在 Power Apps 中比较难实现的功能，都可以通过工作流实现。而且，Power Automate 工作流触发时，还能接收 Power Apps 的参数；工作流完成后，也能将结果返回给 Power Apps。

下面通过一个例子，说明如何用 Power Apps 调用 Power Automate 工作流，以及工作流如何返回结果给 Power Apps。我们要创建一个简化版的大学生学籍管理系统，通过 SharePoint 列表存放学籍信息，用 Power Apps 作为前端的数据输入界面。输入界面中的按钮会触发 Power Automate 工作流，并将界面上已输入的信息传递过去，然后工作流会调用"往 SharePoint 列表添加项"的动作，来保存学籍信息。保存好后，工作流会向 Power Apps 返回学生的年龄信息，在数据输入界面予以显示。学籍管理系统创建工作流的流程图如图 4.54 所示。

下面是工作流的具体创建步骤。

（1）在 SharePoint 中，创建一个列表，命名为"学籍管理"。列表中包含如表 4.7 所示要创建的列。

图 4.54　学籍管理系统
创建工作流的流程图

表 4.7　SharePoint 列表中要创建的列

列	类型	是否必填
姓名	单行文本	是
籍贯	单行文本	否
专业	单行文本	否
身份证号	单行文本	否
入学年份	数字	否

（2）创建工作流。选择"创建"→"即时云端流"，输入流名称，并选择"PowerApps"作为工作流的触发器，单击"创建"按钮，如图 4.55 所示。

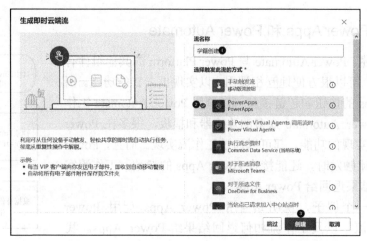

图 4.55   创建由 Power Apps 触发的即时云端流

（3）进入工作流编辑界面，可见触发器已经添加到工作流中。接下来需要从 Power Apps 读取参数，并将其存放在工作流的变量中（关于变量的具体使用，详见 4.4.1 小节）。我们使用"初始化变量"动作来完成此操作：在触发器下单击"新步骤"，然后搜索并添加"初始化变量"动作，如图 4.56 所示。

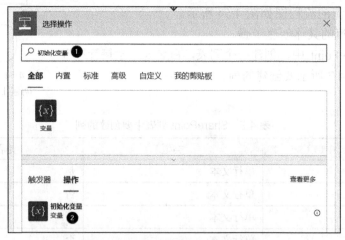

图 4.56   添加"初始化变量"动作

（4）为了更容易识别此动作，我们按变量名来对动作进行重命名。如图 4.57 所示，分别单击①和②处，将动作重命名为"Initialize vName"（初始化姓名）。然后，在"名称"栏输入变量的名称"vName"，并选择"类型"为"字符串"。如图 4.58 所示，单击"值"栏，在右侧弹出的动态内容编辑器中选择"在 PowerApps 中提问"。这意味着将从 Power Apps 传入参数。

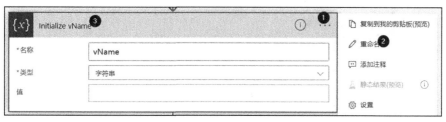

图 4.57　重命名动作

图 4.58　选择从 Power Apps 中传入参数

（5）重复第（3）、第（4）步，为学籍信息的另外几列创建变量初始化动作。初始化其余的动作如表 4.8 所示。

表 4.8　初始化其余的动作

列	动作名	变量名	变量类型	变量值
身份证号	Initialize vID	vID	字符串	在 PowerApps 中提问
籍贯	Initialize vHometown	vHometown	字符串	在 PowerApps 中提问
专业	Initialize vMajor	vMajor	字符串	在 PowerApps 中提问
入学年份	Initialize vEntryYear	vEntryYear	整数	在 PowerApps 中提问

（6）接下来通过身份证号计算学生的年龄。单击"新步骤"，然后搜索并添加"初始化变量"动作。如图 4.59 所示，将动作重命名为"Calculate Age"。修改变量的名称为"vAge"，类型为浮点型"Float"，值为如下表达式：

```
div(div(sub(ticks(convertFromUtc(utcNow(),'China Standard Time', 'yyyy-MM-dd')),
ticks(concat(substring(variables('vID'),6,4),'-',substring(variables('vID'),10,2),
'-',substring(variables('vID'),12, 2)))),864000000000),365.25)
```

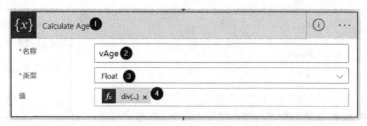

图 4.59 利用"初始化变量"动作来计算学生年龄

这个表达式虽然看似复杂，可实际上它的意义很好理解（详细的表达式用法，参见 4.4.2 小节）。

- 使用 utcNow()函数获得当前的时间，再通过 convertFromUtc()转换时间为中国标准时间（CST），然后使用 ticks()函数，获得此当前时间的系统相对时间（以 100 纳秒为单位）。

- 使用 substring()函数，分别从 vID 变量（身份证号）获得出生年、月、日，再通过 concat()函数，将其组合成形如"1999-08-12"的日期格式，然后使用 ticks()函数来获得出生日期的系统相对时间。

- 将两个系统相对时间相减（使用 sub()函数），即可得到从出生到现在的时间差，再通过 div()函数除以 864 000 000 000，即得到出生到现在的天数（一天有 864 000 000 000 个系统相对单位时间）。然后继续使用 div()函数除以 365.25，即得到出生到现在的年数，也即年龄。

（7）接下来将学籍信息存放到 SharePoint 列表中。搜索并选择"创建项"动作，选择站点地址和列表，再如图 4.60 所示，将变量填入对应的字段中。

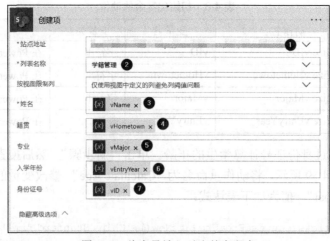

图 4.60 将变量填入对应的字段中

（8）工作流的最后一步是将学生年龄返回给 Power Apps，如图 4.61 所示。搜索并选择"响应 PowerApp 或流"动作，单击"添加输出"，选择文本类型，将输出的名称设置为"age"，值为变量"vAge"，最后保存工作流。

图 4.61　将学生年龄返回给 Power Apps

（9）工作流创建好后，接下来要创建 Power Apps 画布应用。在应用中添加文本标签和文本输入框，并添加一个按钮（具体的步骤不赘述），Power Apps 画布应用界面如图 4.62 所示。

（10）将刚刚创建的 Power Automate 工作流与 Power Apps 应用关联起来。单击菜单栏的"Power Automate"，右侧任务栏会显示刚刚创建的"学籍创建"工作流。单击该工作流，将其添加到 Power Apps 应用中，如图 4.63 所示。

图 4.62　Power Apps 画布应用界面

图 4.63　将"学籍创建"工作流与 Power Apps 关联起来

（11）编辑"添加学籍"按钮的 OnSelect 动作的表达如下：

```
Set(age_txt,学籍创建.Run(txtName.Text,txtID.Text,txtHometown.Text, txtMajor.
Text,txtEntryYear. Text).age)
```

该表达式的意义是，将姓名、身份证号、籍贯、专业、入学年份等输入信息，传递给"学籍创建"工作流的 Run()函数，也即触发该工作流。然后使用 Set()函数，将工作流的返回结果——年龄——赋给全局变量 age_txt。

（12）在画面中添加一个文本标签，将其 Text 属性设置为 age_txt，也就是用它来显示工作流所返回的学生的年龄。

试运行该画布应用，输入学生的信息，单击“添加学籍”，即可显示该学生的年龄，如图 4.64 所示。

查看 SharePoint 列表，可看到该学生的学籍信息已被添加，如图 4.65 所示。

当然，本例是经简化的，没有添加输入信息的校验，年龄也显示为浮点数，但这不影响本小节的核心内容：介绍 Power Automate 如何被 Power Apps 调用，以及进行参数传递和结果返回。了解了这个基本方法，我们就可以创建更加复杂的应用。

姓名
张三
身份证号
籍贯
北京
专业
音乐
入学年份
2020
添加学籍
21.0020533880903

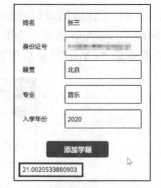

图 4.64　在画布应用中显示从工作流返回的学生年龄

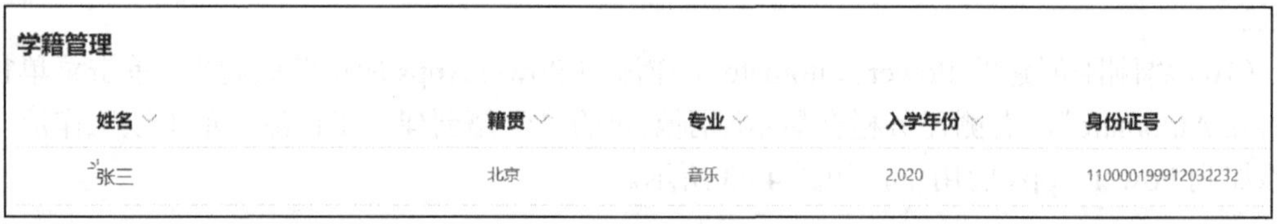

学籍管理
姓名
籍贯
专业
入学年份
身份证号
张三
北京
音乐
2,020
110000199912032232

图 4.65　查看 SharePoint 列表

4.3.3　从 Dataverse 读写数据

作为 Power Platform 的核心组件，Dataverse 贯穿整个平台，用于定义和存储各解决方案的数据和关系。Power Automate 有大量与 Dataverse 进行交互的动作，可以实现如下的功能。

1. 触发流程

当 Dataverse 中表的记录有改变时，例如添加、更新或删除记录时，触发 Power Automate 工作流。

2. 读取数据

从 Dataverse 中读取数据，包括按条件读取一个或多个表的记录，或者读取表记录的文件或图像内容。

3. 写入数据

向 Dataverse 中写入数据，包括创建或删除表的记录、更新表记录的列，以及上传记录的文件或图像内容。如果表之间定义了关系（一对多或多对一关系），还可以在表之间添加关联或取消关联。

接下来通过一个简化的例子，说明如何使用上述动作从 Dataverse 读写数据。我们将利用 Dataverse 的两个内置的表：Contact（联系人）和 Account（账户），从而无须另外创建。

工作流的逻辑很简单：当有新的联系人记录被创建时，流程触发；然后流程判断 Dataverse 中是否已有同名的账户记录，如果没有，则创建之。"账户创建"工作流的流程图如图 4.66 所示。

下面是工作流的具体创建步骤。

（1）创建一个新的自动化云端流，命名为"账户创建"，选择"在创建、更新或删除记录时"（当记录被创建、更新或删除时）作为触发器，单击"创建"按钮，如图 4.67 所示。

图 4.66　"账户创建"　　　　　　图 4.67　创建自动化云端流
工作流的流程图

需注意的是，Dataverse 旧称 Common Data Service（CDS），在本书编写时，Power Automate 中关于 Dataverse 的连接器还使用 CDS 的名称，读者在使用时要注意灵活分辨。另外，Dataverse 有两类很容易混淆的连接器，分别是"Common Data Service（当前）"和"Common Data Service"，即当前环境 CDS 和常规 CDS，如图 4.68 所示。两者的区别是前者是较新推出的，它可以与解决方案打包，方便迁移；且可以针对多种事件（如记录的创建、更新、删除）触发同一个工作流。而后者无法打包进解决方案，且每个触发器都只能针对一种事件，例如如果需要对"创建记录"和"更新记录"事件进行相同的动作，则需要创建两个工作流。一般来说，建议使用前者（本例就是）。

（2）设置 Dataverse 触发器，如图 4.69 所示。在触发器内选择"Create or Update"（创建或更新）作为触发条件、"Contacts"（联系人）作为表、"Organization"（组织）作为范围。选择组织，意味着整个组织内（同一活动目录域内）所有人创建联系人记录时，都会触发工作流。

图 4.68 两种容易混淆的 Dataverse 连接器

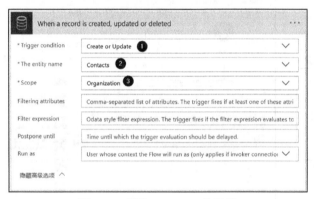

图 4.69 设置 Dataverse 触发器

（3）添加一个新的动作"List Records"（列出记录），并将其更名为"List Accounts"。这个动作可根据查询条件，从 Dataverse 中读取出符合条件的记录的集合（类似 SQL 语言中 SELECT 语句，返回 0 个或多个记录）。我们要列出与联系人相关的账户记录，关联规则是"账户名称=联系人名_联系人姓"，如联系人名为"Tom Green"，那么对应的账户名为"Tom_Green"。配置"列出记录"动作如图 4.70 所示，选择"Accounts"作为表（对应 SELECT 语句的 FROM），在"Filter Query"（对应 SELECT 语句的 WHERE）处填入下列语句（可在弹出的动态内容编辑器中选择和编辑）：

```
name eq'concat(triggerOutputs()? ['body/firstname'], '_', triggerOutputs()?
['body/lastname'])'
```

这是一个 OData 条件语句，包含了字符串连接表达式。它的意思是账户的 name 字段要等于联系人的"名_姓"，其中 eq 是等于操作符，concat() 是连接多个字符串的函数，trrigerOutputs()? ['body/firstname'] 是触发器输出（所创建或更新的联系人）的"名"字段。关于 OData 条件语句的详细介绍，参见 4.4.3 小节。

图 4.70 配置"列出记录"动作

（4）添加和配置条件动作，如图 4.71 所示，填写条件：

```
length(outputs('List_Accounts')?['body/value']) 等于 0
```

这个条件是判断上一个动作所返回的集合是否有内容，即 Dataverse 中是否有名称为"联系人名_联系人姓"的账户。length()用于返回集合内记录的数量，如果为 0，即代表 Dataverse 中不存在对应的账户，从而需要创建。

图 4.71 添加和配置条件动作

（5）在"如果是"分支中，添加动作"Create a new record"（创建新记录）。如图 4.72 所示，选择"Accounts"作为表，在"Account Name"（账户名）字段处填写表达式：

```
concat(triggerOutputs()?['body/firstname'],'_',triggerOutputs()?['body/lastname'])
```

上述表达式结果为"联系人名_联系人姓"。另外，在"Email"字段处填写联系人的 Email。

（6）保存工作流，接下来测试它的效果。先添加一条联系人记录：前往 https://make.powerapps.com，选择"数据"→"表"，并进入"Contact"表；选择"数据"→"添加记录"，如图 4.73 所示。在表单中填写 First Name 为"Tom"、Last Name 为"Green"，Email 为 Tom.Green@hotmail.com，保存之。

到"Account"表中查看数据，可看到一个名为"Tom_Green"的账户记录被创建了，如图 4.74 所示。

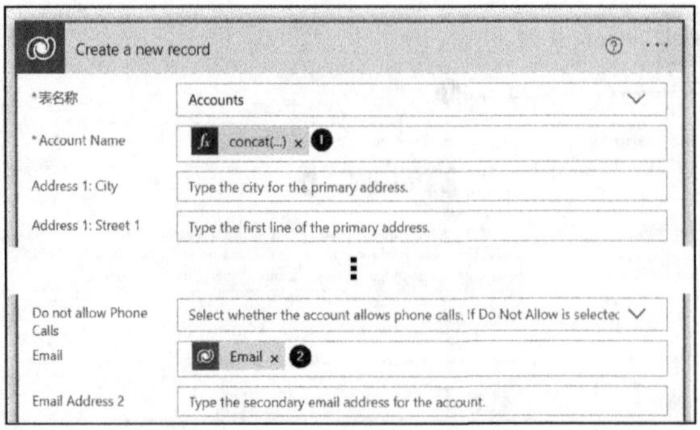

图 4.72　在"如果是"分支中添加"Create a new record"动作

图 4.73　在 Dataverse 中添加一条联系人记录

表 〉 Account

| 列 | 关系 | 业务规则 | 视图 | 窗体 | 仪表板 | 图表 | 密钥 | **数据** |

Account Name　　　　　　　　　　　　　　　Main Phone

Tom_Green

图 4.74　工作流创建了对应的账户记录

　　接下来再次添加一个名为"Tom Green"的 Contact 记录，这次由于名为"Tom_Green"的 Account 记录已经存在，因此它不会被重复创建。

4.4　变量、函数和表达式

4.4.1　数据操作与变量

　　从很大程度上说，工作流的操作，就是对数据的操作，因此理解 Power Automate 中与数值和数据操作相关的动作就显得特别重要。Power Automate 中这样的动作可分为两类：数据操作和变量，与数据操作和变量相关的动作如图 4.75 所示。

1. 常量与变量

　　常用的是数据操作中的"编辑"动作，以及变量中的"初始化变量"及"设置变量"等动作。这两种动作可分别对常量及变量使用。所谓"常量"，即数值不变的量，一旦赋值后，可多次使用；所谓"变量"，顾名思义，即数值可变的量。表 4.9 所示为常量与变量的对比。

图 4.75 与数据操作和变量相关的动作

表 4.9 常量与变量的对比

	常量	变量
常用动作	数据操作→编辑	变量→初始化变量 变量→设置变量 变量→增量变量 变量→递减变量
数据类型	不限类型	严格类型，即类型初始化时是什么数据类型（如整数），后续使用时也需用同样的类型。必要时需进行类型转换
是否需初始化	可随时随地定义，定义即初始化	是，必须先用"初始化变量"进行初始化
是否可变	仅可在最初定义时设定好值，后面不再改变	可随时变更值
是否可重复使用	是，定义后可多次使用	是，定义后可多次使用
如何调用	使用动作的名称来调用	使用变量名本身来调用

2."编辑"动作

使用"编辑"动作可以定义任意类型、任意值的常量。后面的动作需要调用该常量的值时，可在动态内容编辑器选择"输出"来调用。因此，建议将"编辑"动作重命名，以便在后续动作中更方便地识别。如图 4.76 所示，"编辑"动作用于存放一个电子邮件地址，它被重命名为"邮件地址"，在后面的"发送电子邮件（V2）"动作中以"输出"的形式被调用。请留意，在"邮件地址"动作中，并不需要指定电子邮件地址的类型为字符串。

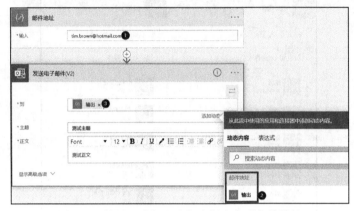

图 4.76 使用"编辑"动作来保存电子邮件地址

3. 变量的使用

要使用变量，必须先对其进行初始化，并指定变量的类型。初始化后，可通过"设置变量""增量变量""递减变量"等动作对变量的值进行更改。在后续的调用中，可直接在动态内容编辑器选择变量名来使用。在图 4.77 中，我们先定义了一个字符串类型的变量"vEmail"，并将其值初始化为"someone@hotmail.com"；然后通过设置"变量动作"，将"vEmail"的值更新为"tim.brown@hotmail.com"；最后，我们直接将"vEmail"用在"发送电子邮件（V2）"动作中。

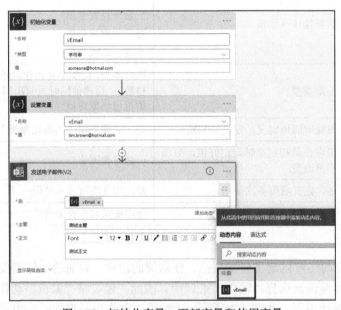

图 4.77 初始化变量、更新变量和使用变量

4.4.2 函数和表达式

1. 动态内容编辑器

上文多次提到动态内容编辑器，实际上它是 Power Automate 为编辑函数和表达式提供的智能编辑器。它分为两页，分别是动态内容页和表达式页。动态内容页可根据上下文列出可用于当前编辑栏的内容，而表达式页则可编辑和调用各种函数。之所以说它是智能编辑器，是因为它可根据当前输入的内容，动态地给出函数的说明和参数的提示，十分方便编辑。图 4.78 所示为动态内容编辑器的示例。

图 4.78 动态内容编辑器的示例

2. 函数和表达式的定义

表达式是灵活利用 Power Automate 的关键所在。合理使用表达式，不仅可以实现丰富的功能，还可以使工作流变得精简。概括而言，表达式就是对函数的调用方法。它由函数名和参数组成，其格式如下：

```
function(param1,param2...)
```

例如，字符串替换函数 replace() 的定义和示例如表 4.10 所示。

表 4.10 字符串替换函数 replace() 的定义和示例

定义	replace(text, oldText, newText)
作用	将 text 字符串中所有的 oldText 子字符串替换成 newText 子字符串，并返回替换后的字符串
参数类型	text: string oldText: string newText: string

返回类型	string
示例	replace('我们创造历史','历史','未来')
示例结果	'我们创造未来'

函数还可以嵌套使用，即一个函数的参数可以是另一个函数的返回结果。例如：

```
concat('今天是',formatDateTime(utcNow(),'yyyy-MM-dd'))
```

其中，concat()是字符串连接函数，formatDateTime()是对时间日期进行格式化的函数，utcNow()是返回当前世界协调时间（UTC）的函数。上述表达式的返回结果形如：

```
'今天是 2021-01-01'
```

3. 数据类型

Power Automate 中的函数都是强类型的，也就是需要保证输入的参数和返回的结果都符合所需的数据类型。如果类型不符，需要使用类型转换函数进行转换。下面是 Power Automate 中常用的数据类型：

（1）字符串：**string**；

（2）整数：**integer**；

（3）浮点数：**float**；

（4）布尔类型：**boolean**；

（5）数组：**array**。

4. 函数和表达式的使用场景

在 Power Automate 中，函数和表达式的使用可谓无处不在。概括来说，它们可用于以下几类场景。

（1）**动作设置**。函数和表达式可用于 Power Automate 中所有动作的设置，也就是在动态内容编辑器的表达式页进行编辑。例如：addDays(utcNow(),-7)，返回 7 天前的日期。

（2）**条件判断**。函数和表达式可用于 Power Automate 中所有条件判断，例如要判断前面一个步骤所返回的集合里包含多少个项目，可用 length(body('Get_items')?['value'])，其中"Get_items"就是前面的步骤的名称。

（3）**工作流的触发**。函数和表达式可用于工作流的触发器中，以限定流程触发所必须满足的条件，从而减少流程触发的次数。如图 4.79 所示，单击触发器的"..."按钮，再单击"设置"，即可进入其设置界面。

在图 4.80 中，我们设置了条件，指明触发流程的 Dataverse 记录，其"Example"字段必须不为空。

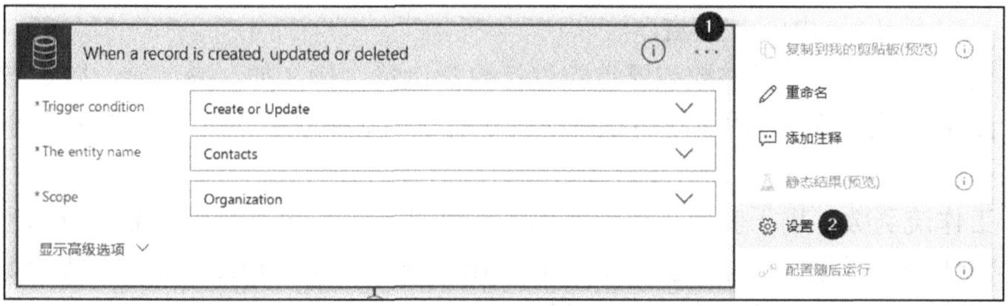

图 4.79　进入触发器的设置界面

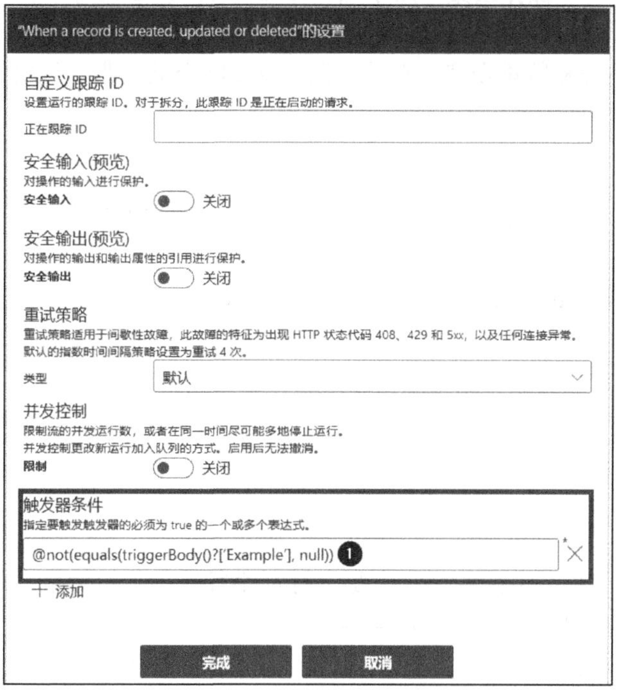

图 4.80　使用表达式设置触发器的触发条件

5. 函数的分类

Power Automate 提供的函数种类众多，按功能划分，可以分为下列的类别。

（1）**字符串函数**：用于处理字符串，例如字符串的连接、替换，以及将英文字符串转换成大写或小写等。

（2）**集合函数**：用于对集合进行操作，应用于数组、字符串、字典等。例如可判断集合中是否有某项，返回集合的项目数量，以及提取集合中的若干项等。

（3）**逻辑比较函数**：用于逻辑运算，即返回值是布尔类型。例如比较两个值是否相等，第一个值是否大于或小于第二个值，以及检查表达式是否为真或假等。

（4）**转换函数**：用于对数值进行类型转换。除了转换成整数、浮点数或字符串，还可以转换成 base64 编码、URL 或 XML。

（5）**数学函数**：用于对整数或浮点数进行数学运算，例如加、减、乘、除、取余数等。

（6）**日期和时间函数**：用于对日期和时间进行运行，例如获取当前世界协调时间、将时间转成某种格式等。

（7）**工作流函数**：用于获取工作流实例的详细信息，引用某步骤的数据或输出。

（8）**URI 分析函数**：用于解析 URI（Uniform Resource Identifier，统一资源标识符），获取其各个属性值，例如主机、端口、路径等。

（9）**JSON 和 XML 操作函数**：用于操作 JSON 或 XML 对象，例如添加或移除属性、设定属性的值等。

可看出，函数种类和数量众多，不易熟记。建议结合动态内容编辑器和 Power Automate 的相关文档，使用时可参考。

6. 函数使用示例

接下来我们用一个简化的例子，说明如何联合使用字符串函数、集合函数等来对文本进行分析和信息提取。

假设我们收到一封电子邮件，里面有如下的文本。

这是邮件正文示例。

任务分配给：小昆；分配时间：2021-01-01。

正文结束。

其中，第三行（"任务分配给……"那一行，空行算一行）的格式是固定的。我们的目标是要提取其中的分配时间，即"2021-01-01"。

接下来开始工作流的配置，为方便调试，我们使用手动触发流。

（1）首先将电子邮件正文（HTML 文本）转换为字符串，为此我们使用"Html to text"动作，如图 4.81 所示。

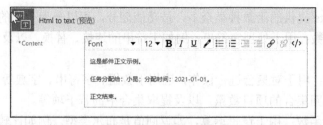

图 4.81　使用"Html to text"动作将电子邮件正文转换成字符串

（2）然后需要将邮件文本的多行拆分开，每行形成一个字符串，并全部放在一个数组中。

我们需要使用 split() 函数，用换行符作为分隔符。然而，换行符不能直接输入和使用，为此，需要使用 decodeUriComponent() 函数，对 URI 换行符"%0A"进行转码，再将其作为参数传到 split() 函数中，如图 4.82 所示。我们使用两个"编辑"动作，分别将动作改名为"New Line"和"Split"。

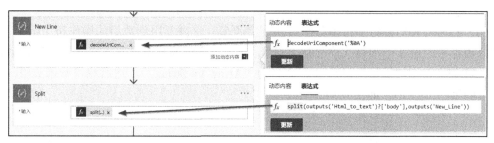

图 4.82 使用 decodeUriComponent() 函数和 split() 函数对字符串进行整理和拆分

经过这两步操作后，会得到如下的数组：

```
[
    "这是邮件正文示例。",
    "",
    "任务分配给：小昆；分配时间：2021-01-01。",
    "",
    "正文结束。"
]
```

（3）接下来需要对数组进行筛选，只保留"任务分配给……"那一行，然后丢弃其他行。由于"任务分配给……"那一行的格式是固定的，我们可以使用"筛选数组"动作，用 startsWith() 函数，只取以"任务分配给"开头的字符串，如图 4.83 所示。"筛选数组"对"Split"动作的输出进行筛选，筛选条件是"startsWith(item(),'任务分配给') 等于 true"。其中，item() 函数的意思是取当前项；true 是布尔型，不是字符串，需在动态内容编辑器的表达式页输入。

图 4.83 使用"筛选数组"动作提取所需的字符串

这一步操作的结果如下（要留意这是由一个字符串组成的数组）：

```
[
   "任务分配给：小昆；分配时间：2021-01-01。"
]
```

（4）然后，我们要将字符串数组转换回字符串。这需要用到数组的操作符 "[n]"，它代表读取数组中的第 *n* 个项目（序号从 0 开始）。由于我们的数组只有 1 个项目，因此我们用 "[0]"。我们还是用 "编辑" 动作（重命名为 "Array to String"），然后取 "筛选数组" 动作的输出的第 "[0]" 项，如图 4.84 所示。

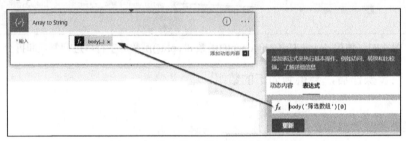

图 4.84　将字符串数组转换回字符串

这步操作的结果如下，它是一个字符串：

```
任务分配给：小昆；分配时间：2021-01-01。
```

（5）最后，由于 "任务分配给……" 字符串格式固定，我们再通过嵌套使用 split() 函数和 "[n]" 操作符，获取分配时间。如图 4.85 所示，使用 "编辑" 动作（重命名为 "Split 2"），填入如下表达式（图 4.85 中表达式未显示全）：

```
split(split(outputs('Array_to_String'),'：')?[2],'。')?[0]
```

图 4.85　嵌套使用字符串函数提取日期

它的意思是先用全角冒号 "：" 分隔，然后读取第 2 个项目，获得字符串 "2021-01-01。"；继续使用全角句号 "。" 分隔，再读取第 0 个项目。

这一步操作后，就能得到我们想要的结果：

```
2021-01-01
```

4.4.3 OData 语句

1. OData 语句的使用场景

Power Automate 有很多数据查询动作，例如从 SharePoint 获取项、从 Dataverse 读取记录、从 SQL 数据库读取行等，都使用 OData 语句作为查询表达式。OData 的全称是"Open Data Protocol"（开放数据协议），是由微软公司主导开发的、用于创建和调用标准化的 REST API 的开放协议。实际上，对于 Power Automate 的连接器，后台都是通过 OData 协议来调用的。

Power Automate 封装了大部分的 OData 后台逻辑，目前需要我们写 OData 语句的场景主要是数据查询动作中的查询表达式。图 4.86 所示为从 SharePoint 列表中"获取多个项"的动作，其中的"筛选查询"就用到 OData 语句。

图 4.86　"获取多个项"动作中使用 OData 语句进行筛选查询

2. OData 操作符及语句规则

OData 语句十分依赖于所用到的操作符。OData 语句的操作符如表 4.11 所示。

表 4.11　OData 语句的操作符

操作符	含义	示例
eq	等于（Equal to）	name eq'张三'
ne	不等于（Not equal to）	name ne'张三'
contains	包含	contains(subject,'论文')
not contains	不包含	not contains(subject,'论文')
gt	大于（Greater than）	amount gt 1000
lt	小于（Less than）	amount lt 1000

续表

操作符	含义	示例
ge	大于或等于（Greater than or equal to）	`amount ge 1000`
le	小于或等于（Less than or equal to）	`amount le 1000`
and	逻辑与	`name eq '张三' and amount gt 1000`
or	逻辑或	`name eq '张三' or amount gt 1000`
startswith	以指定的值开始	`startswith(telephone, '+86')`
endswith	以指定的值结束	`endswith(telephone, '8888')`

要说明的是，OData 语句可与 Power Automate 函数嵌套使用。图 4.86 中的语句"费用类别 eq 'concat(...)'"就嵌套使用了 concat()函数。

4.5　桌面流入门

4.5.1　桌面流所需插件

使用桌面流，可以让 Power Automate 实现 RPA 功能，即模拟人工操作 PC 端的软件。正因为要操作的是 PC 端的软件，所以我们需要安装插件，以实现与各种软件的交互，例如在软件中输入数据、鼠标单击、进行剪贴板操作等。桌面流可以在本地手动触发，也可以通过其他类型的工作流（如自动化云端流）调用，并实现参数传入和结果返回。桌面流特别适用于比较"老旧"的应用，它们一般不提供 API，从而也就不能使用连接器来连接了。

在使用桌面流之前，需要先安装 3 个插件：

（1）Power Automate Desktop 桌面插件；

（2）Power Automate 浏览器插件；

（3）本地数据网关。

下面分别介绍 3 个插件的安装方法。

1. Power Automate Desktop 桌面插件

Power Automate Desktop 桌面插件又称为 Power Automate Desktop Designer（桌面设计器），它可以编辑桌面流所用到的操作、安排各操作的次序、设定流程的输入输出及变量等。

Power Automate Desktop 桌面插件可在 Power Automate 主页下载，如图 4.87 所示。

下载插件后，双击安装文件即可安装。安装过程中需要启用 Microsoft Edge WebDriver 和 ChromeDriver，如图 4.88 所示，它们用于对网页内容进行提取。

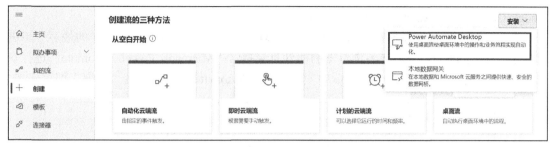

图 4.87 下载 Power Automate Desktop 桌面插件

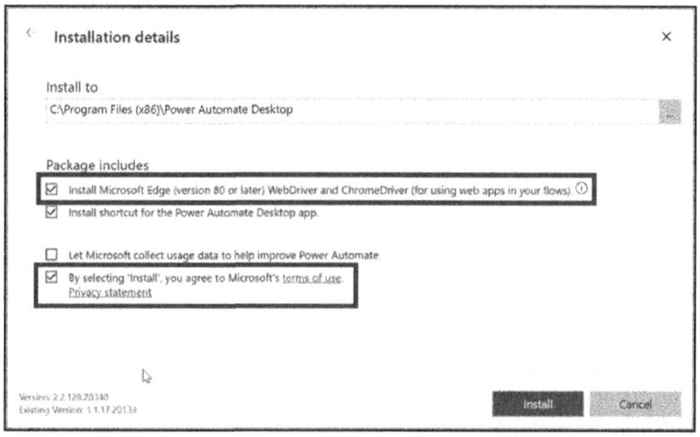

图 4.88 安装 Power Automate Desktop 桌面插件

Power Automate Desktop 桌面插件安装成功，如图 4.89 所示。

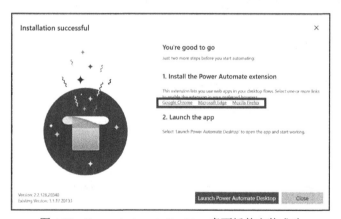

图 4.89 Power Automate Desktop 桌面插件安装成功

2. Power Automate 浏览器插件

Power Automate 浏览器插件有两个作用：在 Power Automate 网页端调用桌面插件来编辑桌面流；在桌面流中记录和运行网页上的操作，例如读取网页中某个表格的内容。

不同的浏览器需要分别安装不同的 Power Automate 浏览器插件，目前支持 Microsoft Edge、

Google Chrome 和 Mozilla Firefox 这 3 种浏览器。

　　Power Automate 浏览器插件可以在安装 Power Automate Desktop 桌面插件的最后一步进行安装（见图 4.89），或者在各浏览器的插件目录搜索"Microsoft Power Automate"进行安装。图 4.90 所示为在 Microsoft Edge 中安装 Power Automate 插件，单击"获取"即可安装。

图 4.90　在 Microsoft Edge 中安装 Power Automate 插件

3. 本地数据网关

　　本地数据网关用于在云端流和桌面流之间建立连接。具体来说，如果要在自动化云端流、即时云端流或计划的云端流中调用桌面流，向其传递参数或要获取其返回的结果，那么需要使用本地数据网关。这是由于云端流是在微软公司的云端服务器中运行的，而桌面流是在本地 PC 端运行的，两者本没有联系。若要把它们连接起来，就要使用本地数据网关来进行监听、调用和传递数据。本地数据网关需要安装在桌面流运行的电脑上。一般来说，这台电脑要一直保持开机状态。

　　相反，如果只在本地编辑和触发桌面流，不需与云端交互，那么可以不安装本地数据网关。

　　本地数据网关的安装和配置步骤如下。

　　（1）本地数据网关可以从 Power Automate 主页下载，如图 4.91 所示。

图 4.91　下载本地数据网关

　　（2）软件下载后，双击安装文件即可安装。安装过程中需要登录 Office 365 工作邮箱，然后注册一个新网关，如图 4.92 所示。

图 4.92 注册一个新网关

（3）设置网关的名称及恢复密钥，如图 4.93 所示。恢复密钥用于将来对网关进行迁移（从一台电脑迁移到另一台电脑）或恢复时使用。

（4）本地数据网关配置好后，会显示如图 4.94 所示的界面。必须要确保"Power Apps，Power Automate"栏处于"Ready"（就绪）状态。

图 4.93 设置网关的名称及恢复密钥

图 4.94 本地数据网关安装成功

（5）接下来要在 Power Automate 网页端创建一个数据连接，使云端的服务能和 PC 端的本地数据网关连接起来。在 Power Automate 主界面，选择"数据"→"连接"，然后单击"新建连接"，如图 4.95 所示。

（6）搜索 Desktop flows，然后单击右端的"+"进行添加，如图 4.96 所示。

图 4.95   在 Power Automate 网页端创建数据连接

图 4.96   新建连接

（7）在弹出的对话框中，填写域、用户名及密码，然后选择前面第（3）步创建的网关，如图 4.97 所示，单击"创建"按钮。

图 4.97   填写域、用户名及密码

4.5.2 使用 Power Automate Desktop 创建桌面流

接下来我们通过一个简单的例子，说明如何创建一个桌面流，并利用云端流来调用它。我们将利用 Windows 10 内置的计算器软件，进行两个数相加的运算。云端流调用时，将会分别传入两个需要相加的数，而运算的结果将会作为结果返回给云端流。本小节主要说明桌面流的创建，而 4.5.3 小节将说明如何调用它。

下面是创建桌面流的步骤。

（1）在 Power Automate 主页，选择"创建"→"桌面流"。在弹出的对话框中，在"流名称"栏位输入"求和"，然后单击"启用应用"，创建桌面流，如图 4.98 所示。Power Automate Desktop 桌面插件会被启动。

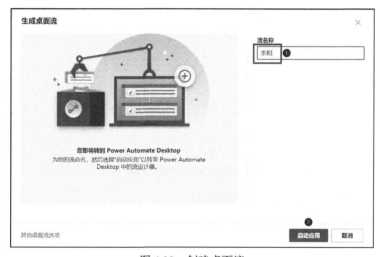

图 4.98　创建桌面流

（2）图 4.99 所示为 Power Automate Desktop 桌面插件界面。界面中部是桌面流的操作和排列，由于目前流程刚新建，这部分是空白的；界面左侧是可添加的动作列表；界面右侧是流程用到的变量（包括输入和输出变量）。Power Automate Desktop 的有趣之处是可以利用录像的方式来录制操作，然后进行微调。在界面顶端有两个录像按钮："Web recorder"（网页录像器）和"Desktop recorder"（桌面录像器），可分别对页面操作和 PC 端软件的操作进行录像。我们的例子需要使用 Windows 10 内置的计算器软件，因此需要用桌面录像器。接下来单击"Desktop recorder"按钮。

（3）打开计算器软件，然后在 Desktop recorder 窗口中，单击"Start recording"（开始录像）。接下来在计算器软件中进行如下操作：

- 单击计算器窗口，使之显示在最前面；
- 用键盘任意输入一个数字（如 12）；

- 用鼠标单击"+"按钮（需注意单击时，按钮会被高亮显示，如图 4.100 所示）；
- 用键盘任意输入另一个数字；
- 用鼠标单击"="按钮（同样，按钮需要高亮显示）；
- 按 Ctrl+C 键，用于复制结果到剪贴板。

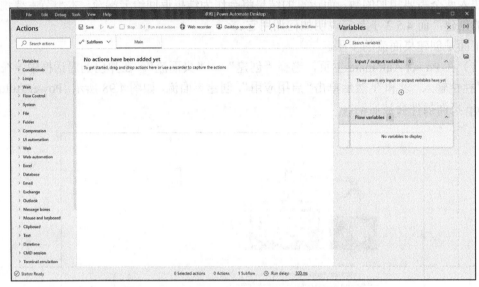

图 4.99　Power Automate Desktop 桌面插件界面

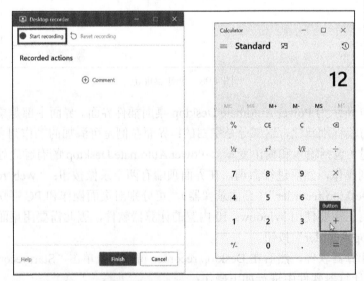

图 4.100　使用桌面录像器对鼠标、键盘操作进行录像

操作完毕后，在 Desktop recorder 窗口中单击"Finish"完成操作。

（4）回到 Power Automate Desktop 窗口，可看到刚才的键盘、鼠标动作，它们都被记录了下来，如图 4.101 所示。这只是流程的"模板"，接下来我们需要对它进行微调。

（5）我们将第一个动作"Click UI element in window"（在窗口中单击 UI 元素）删除，然后在左侧的动作列表中搜索"Run application"（运行应用程序），并将它拖动到流程第一个动作的位置。做这个更改是由于以后在流程触发时，计算器未必已经启动，因此我们用运行应用程序动作先启动它。按照图 4.102 所示填写计算器软件的路径，然后单击"Save"（保存）按钮。

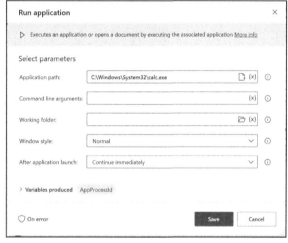

图 4.101　录像器录下的动作　　　　　　　图 4.102　填写计算器软件的路径

（6）接下来定义两个输入变量和一个输出变量，它们分别代表两个加数以及相加的和。在窗口右侧单击 ⊕ 按钮，然后选择"Input"（输入），如图 4.103 所示。在弹出的窗口中，为定义第一个加数"Num1"，如图 4.104 所示；同理定义第二个加数"Num2"，然后添加一个"Output"（输出）变量，设置输出变量如图 4.105 所示。

（7）在刚才的录像中，我们随意输入了两个数字作为加数，但其实我们想用流程的两个输入变量"Num1"和"Num2"来相加。右键单击第一个"Send keys"（发送键盘按键）动作，选择"Edit（编辑）"。在弹出界面中，将此前输入的数字替换为"%Num1%"，即引用第一个输入变量，如图 4.106 所示。同样地，将第二个"Send keys"动作中的内容替换为"%Num2%"。

图 4.103　设置输入变量

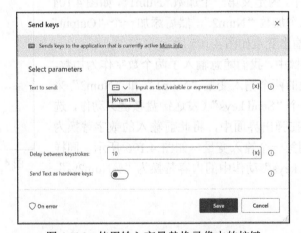

图 4.104　定义第一个加数"Num1"

图 4.105　设置输出变量

图 4.106　使用输入变量替换录像中的按键

（8）在录像中的最后一步，我们通过 Ctrl+C 键，将计算结果存放在了剪贴板中。接下来需要将剪贴板中的内容复制到输出变量中，使流程能返回正确的结果。我们在流程最后的位置，通过搜索和拖曳添加一个新的动作"Get clipboard text"（获取剪贴板内容）。将剪贴板中的内容存放在"Sum"输出变量中，如图4.107所示。

图4.107　将剪贴板中的内容存放在"Sum"输出变量中

至此，桌面流已经创建完成，我们可以单击 Power Automate Desktop 窗口顶部的▷按钮来试运行。运行过程中，计算器软件会自动启动，两个加数的默认值会被输入计算器，如图4.108所示，可看到结果存放到了"Sum"变量中。

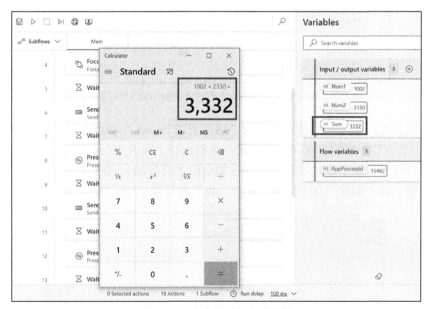

图4.108　在本地试运行桌面流

到目前为止，我们的桌面流只能使用定义"Num1"和"Num2"时输入的默认值作为加数，因此多次运行结果也不会有变化。为了使我们的桌面更加灵活，我们可以使用两个输入变量作为参数，通过云端流来调用它们。

4.5.3 如何调用桌面流

创建好的桌面流可以作为一个动作，被其他云端流调用。在此过程中，当然也可以进行参数传递和结果返回，相当方便。

接下来我们创建一个即时云端流，调用 4.5.2 小节创建的桌面流。

（1）在 Power Automate 主界面，选择"创建"→"即时云端流"。在弹出的对话框中，在"流名称"栏位输入"手动求和"，然后选择"手动触发流"作为触发方式，最后单击"创建"，如图 4.109 所示。

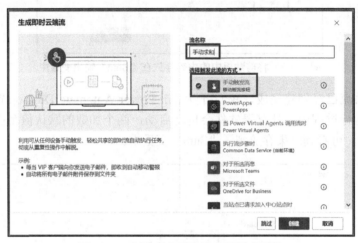

图 4.109 创建手动触发流来调用桌面流

（2）在工作流编辑界面，搜索并添加"运行采用 Power Automate Desktop 生成的流"动作，选择 4.5.2 小节创建的"求和"桌面流，然后选择"有人参与-在您登录后运行"运行模式（需要用户已经登录了本地数据网关所在的电脑才能启动）。在"Num 1"和"Num 2"两个参数处，输入两个数字，如图 4.110 所示，我们将要求 25 和 73 的和。

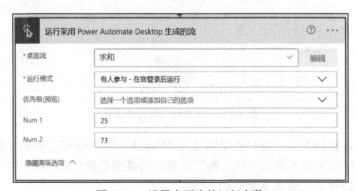

图 4.110 设置桌面流的运行参数

（3）为简化工作流，我们使用"编辑"动作来存储桌面流的返回结果。搜索并添加"编辑"动作，在其中填入桌面流的输入"Sum"，如图4.111所示。

图 4.111　填入桌面流的输入"Sum"

保存并手动触发工作流，进入工作流运行界面。稍等片刻后，可发现计算器软件自动启动了，然后桌面流输入了"25+73=98"的运算。最终在即时云端流的"编辑"动作里，可看到运算结果被正确返回了。桌面流的运行过程和结果如图4.112所示。

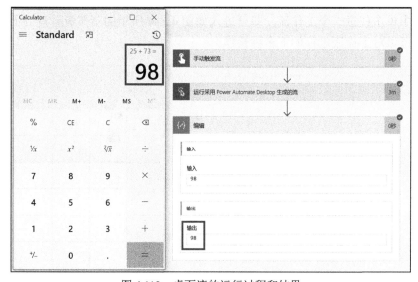

图 4.112　桌面流的运行过程和结果

4.6　管理工作流

4.6.1　工作流管理界面

在 Power Automate 中，我们可以对每个已创建的工作流单独进行管理。进入 Power Automate 的主界面后，单击"我的流"，即可查看自己创建或别人分享的工作流。我们可以在云端流、桌面流、业务流程流和与我共享的工作流之间进行切换查看。"我的流"界面如

图 4.113 所示。

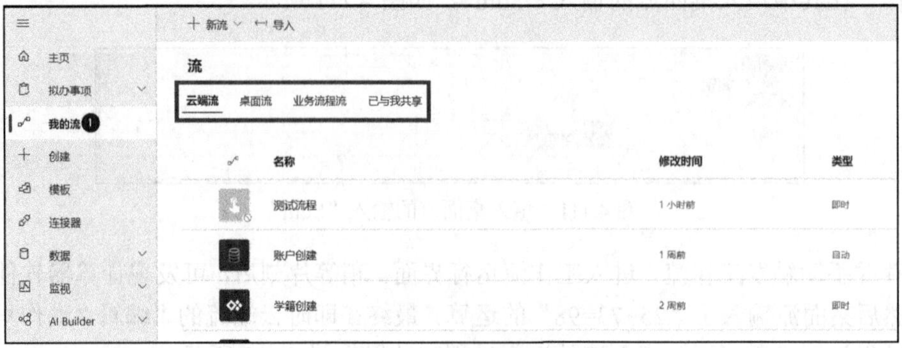

图 4.113 "我的流"界面

在列表中单击任意一个工作流,即可进入如图 4.114 所示的工作流管理界面。在这个界面中,我们可以对工作流进行如下多种操作。

图 4.114 工作流管理界面

(1) **编辑**:对工作流进行修改和编辑。

(2) **共享**:为工作流添加额外的所有者(可以是同一域内的人名、电子邮件地址或者用户组)。在这里添加的所有者,可以对工作流进行编辑、更新和删除。其他所有者可以在如图 4.113 所示的"已与我共享"列表中,看到本工作流。

(3) **另存为**:创建本工作流的另一个副本。这通常用于对工作流进行修改前,保留当前的版本。

(4) **删除**:删除本工作流。

（5）**运行**：仅在即时云端流中可见，用于手动触发本工作流。

（6）**发送副本**：发送本工作流的一个副本给其他人。在接收者收到后，工作流用到的连接器会变成以接收者的名义进行连接（如果要访问 SharePoint，会使用接收者的权限进行访问）。

（7）**提交为模板**：将本工作流提交给微软公司，使之成为模板，可供 Power Automate 的其他用户使用。提交时需填写工作流的相关信息，提交后，微软公司会进行审核，一旦审核通过，本工作流模板就可被其他用户使用。

（8）**导出**：将本工作流导出为 ZIP 文件格式，并可将其存放于本地电脑上。详见 4.6.3 小节。

（9）**分析**：打开工作流的分析界面，查看过去一段时间（最近 7 天、14 天或 30 天）内，工作流的运行情况，包括所执行的动作数量、总运行次数、成功运行次数、出现过的错误等。

（10）**禁用**：禁用本工作流，使触发器失效，工作流不会被触发。这适用于停用不再有用的工作流，或者在对工作流进行编辑和修改时临时禁止其触发。禁用工作流后，“禁用”按钮会变成“启用”，单击“启用”按钮可以重新启用工作流。

（11）**关闭修复提示**：当工作流运行出错时，Power Automate 会将可能出错的原因（“修复提示”）发给工作流的所有者。如果不想接收此类消息，可以关闭这个选项。

4.6.2　查看工作流运行状态和历史

在工作流管理界面，可查看本工作流过去 28 天的运行历史记录，包括启动时间、运行的持续时间和运行的结果（成功或失败）等，如图 4.115 所示。如果要查看更久远的运行记录，可以单击“所有运行”。

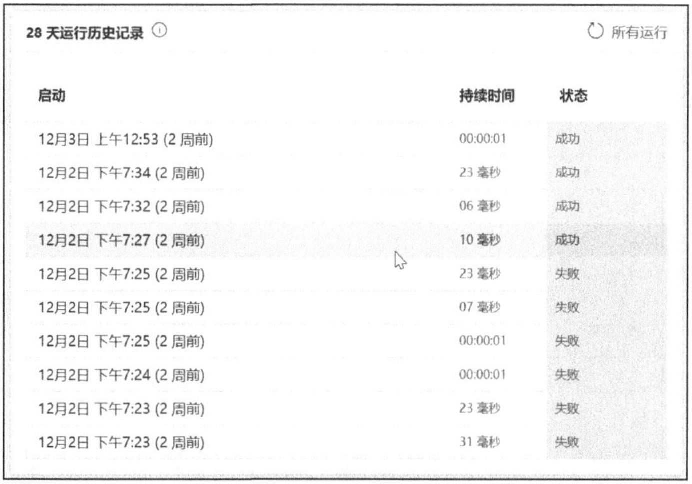
28 天运行历史记录　　所有运行

启动	持续时间	状态
12月3日 上午12:53 (2 周前)	00:00:01	成功
12月2日 下午7:34 (2 周前)	23 毫秒	成功
12月2日 下午7:32 (2 周前)	06 毫秒	成功
12月2日 下午7:27 (2 周前)	10 毫秒	成功
12月2日 下午7:25 (2 周前)	23 毫秒	失败
12月2日 下午7:25 (2 周前)	07 毫秒	失败
12月2日 下午7:25 (2 周前)	00:00:01	失败
12月2日 下午7:24 (2 周前)	00:00:01	失败
12月2日 下午7:23 (2 周前)	23 毫秒	失败
12月2日 下午7:23 (2 周前)	31 毫秒	失败

图 4.115　工作流运行历史记录

单击其中一条运行记录，可查看工作流中每个动作的运行详情，如图 4.116 所示。每个动作右侧的图标显示其运行状态：✅表示运行成功，❗表示运行失败，❌表示并未运行（通常是由于前面的动作运行失败了）。

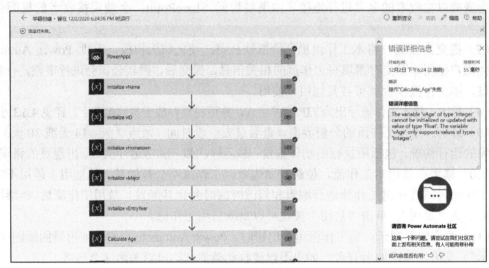

图 4.116   查看工作流中每个动作的运行详情

单击运行成功的动作，可查看其输入和输出信息，如图 4.117 所示。

图 4.117   某次运行中某个动作的输入和输出信息

单击运行失败的动作，可查看其错误详情。在如图 4.118 所示的例子中，出错是因为数据类型不匹配：变量需要用整数类型，但传入的值是浮点数类型。借助这样的出错信息，可以更快地确定工作流的错误。很多时候，单看出错动作的信息未必能确定出错的根源，这时可结合它前面若干动作的输入和输出，来联合判断和定位出错原因和位置。

出错原因确定后，单击"编辑"（见图4.116）可进入工作流的编辑界面，对工作流进行进一步编辑和修改。

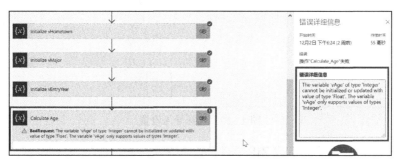

图4.118　查看运行出错信息

4.6.3　导出和导入工作流

如果要在多个运行环境之间迁移工作流，就需要对工作流进行打包导出和导入。在大规模开发中，通常会在测试环境中进行开发，然后部署到生产环境，这也需要用到导出和导入。需要留意的是，在4.6.1小节中，我们提到工作流的"另存为"和"发送副本"，这两者都是在同一个运行环境下进行的；而导出和导入是特指在不同的运行环境之间进行的。

1. 导出工作流

下面是导出工作流的步骤。

（1）在工作流管理界面中，单击"导出"，选择"包（Zip）"，如图4.119所示。

图4.119　导出工作流包

（2）在"导出包"界面中，填写包的名称，并选择包的内容在将来进行导入时的行为设置，如图4.120所示。有以下两种导入设置可选。

● 新建：在导入新环境时，创建全新的工作流。

● 更新：如果在新环境中已存在当前工作流，则对其进行更新。这是默认选项。

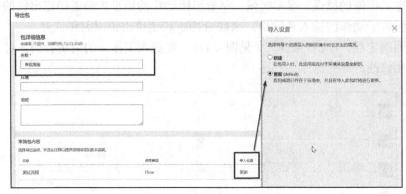

图 4.120 选择导入设置

（3）单击"导出"，然后下载 ZIP 文件。

2. 导入工作流

下面是导入工作流的步骤。

（1）在 Power Automate 主界面，选择工作流导入的目标环境，然后选择"我的流"，单击"导入"，如图 4.121 所示。

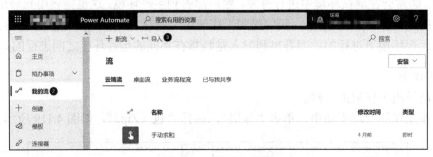

图 4.121 导入工作流

（2）在"导入包"界面中，上传此前导出的 ZIP 文件，如图 4.122 所示。

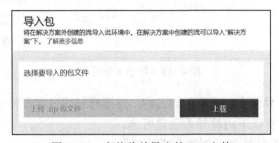

图 4.122 上传此前导出的 ZIP 文件

（3）确定是要使用包中的流程来更新和覆盖目标环境中现有的流程，还是要新建一个新的流程。包中用到的一些连接，也要确定是用目标环境中已有的连接，还是要新建连接。导入设置如图 4.123 所示。

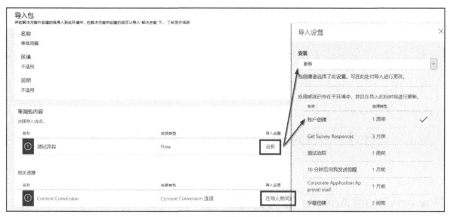

图 4.123　导入设置

（4）单击"导入"，完成操作。如图 4.124 所示，Power Automate 会显示导入的结果。建议对新导入的流进行测试运行，以确保一切正常。

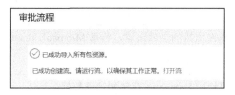

图 4.124　成功导入工作流包

第 5 章　探索 Power Virtual Agents

5.1　Power Virtual Agents 入门

5.1.1　Power Virtual Agents 许可介绍

Power Virtual Agents（PVA）有两种许可，分别是全功能 PVA 许可，以及专门针对 Microsoft Teams 使用场景的许可（包含在 Microsoft 365 订阅中）。PVA 的两种许可如表 5.1 所示。

表 5.1　PVA 的两种许可

功能	全功能 PVA 许可	Microsoft 365 订阅
机器人的部署渠道	PVA 支持的全部渠道，包括 Microsoft Teams	Microsoft Teams
Power Automate 连接器	可用标准和高级连接器	可用标准连接器
使用 Dataverse	可使用 Dataverse 存储和管理数据	不可用
Azure Bot Framework 技能	可使用 Azure Bot Framework 技能扩展 PVA 机器人	不可用

可以看出，全功能 PVA 许可的功能全面覆盖 Microsoft 365 订阅。全功能 PVA 许可的价格和用量分别如图 5.1 和表 5.2 所示。

图 5.1　全功能 PVA 许可的价格

表 5.2　全功能 PVA 许可的用量

功能		PVA 用量
创建和维护智能聊天机器人	在全渠道部署聊天机器人	●
聊天会话数	会议数/（租户·月）	2000
创建工作流	自动流、即时流、计划流和业务流程流	可在 PVA 环境下使用
连接数据	标准连接器	●
	高级和自定义连接器	●
	本地数据网关	●
存储和管理数据	Dataverse 使用权限	●
每份许可的可用用量	Dataverse 数据库容量	10GB
	Dataverse 文件大小	20GB
	Dataverse 日志容量	2GB

虽然 Microsoft 365 订阅中 PVA 的功能不及全功能 PVA 许可，但它胜在许可费用已包含在 Microsoft 365 订阅中，也就是不需额外的费用就可使用。如果 PVA 的使用场景主要是 Microsoft Teams，那么 Microsoft 365 订阅是最具性价比的选择。本书主要介绍全功能 PVA 许可的功能和使用，Microsoft 365 订阅中 PVA 的概念和功能是类似的，不另外赘述。

5.1.2　Power Virtual Agents 操作界面介绍

PVA 操作界面如图 5.2 所示。在编写本书时，PVA 的操作界面只有英文版，但可以创建中文聊天机器人。PVA 的操作界面由左侧控制面板、中部测试区，以及右侧工作区组成。

图 5.2　PVA 操作界面

PVA 控制面板说明如下。

（1）**主页（Home）**：查看 PVA 的快速入门文档和帮助视频。

（2）**话题（Topics）**：创建和管理当前聊天机器人的话题，其中包括系统内置的话题（如聊天问候语）以及用户创建的话题。

（3）**实体（Entities）**：创建和管理对话中用到的实体，PVA 内置了一部分实体，如电子邮件、电话等；用户还能自行创建新的实体。

（4）**分析（Analytics）**：针对一段时间内聊天机器人的使用情况进行分析，包括性能、用户满意度、话题用量等。

（5）**发布（Publish）**：对配置好的聊天机器人进行发布，以提供给最终用户使用。

（6）**管理（Manage）**：管理聊天机器人的高级配置，包括发布渠道、安全性等；还可以连接微软公司的机器人框架 SDK（Bot Framework SDK）中定义好的技能，以扩展机器人的能力。

5.1.3　Power Virtual Agents 基本概念

PVA 所创建的智能聊天机器人的目的是根据用户所提出的问题，引导用户提供适当的信息，然后给出相应的答案，或者完成特定的动作。这个对话过程类似于现实世界中用户与呼叫中心的客服进行聊天的过程。这种对话是有目的性和引导性的——是为了得到某个答案或完成某项动作，而非空余时间的闲聊。在智能客服框架中，一般会将 PVA 聊天机器人放在最前端与客户沟通，遇到机器人无法解决的问题时，才提请人工客服介入解决。

下面介绍与 PVA 相关的几个重要概念。

1. 话题

与现实聊天类似，聊天机器人的对话是围绕话题来进行的。所谓话题，是让对话自然流畅进行下去的信息交互流（或称对话路径），通常以一问一答的形式呈现。例如商店客服机器人订单物流查询的话题，通常会以机器人向客户询问订单号开始；客户提供订单号后，机器人会在后台查询是否已发货，已发货的话，物流到达哪一站；然后机器人向客户提供相应的信息，客户再反馈信息是否足够……

一个聊天机器人一般应包含多个话题，以使其功能更丰富，能适应更多的聊天情境。在创建聊天机器人时，PVA 会默认创建多个内置的话题，包括问候语、感谢语、从头开始、确认成功（收集用户反馈并询问其是否需要其他帮助）、确认失败（让用户换种说法或选择与人工客服交谈）等。这些话题默认开启且无法禁用，但我们可以修改其内容使其更切合使用环境，例如如果机器人有名字，我们可以修改问候语，使机器人在开始对话前先报出自己的名字。除了内置话题，我们当然也能手动创建话题。

PVA 中话题的结构如图 5.3 所示。

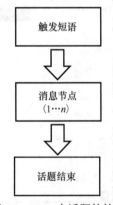

图 5.3　PVA 中话题的结构

（1）**触发短语**。

在 PVA 中，用来区分和进入不同话题的是话题的触发短语。所谓触发短语，是指用户为了开始某个话题所输入的特定关键字、短句或问题。例如，在上述商店客服机器人例子中，用户为了查询订单物流，可以用"查询物流""帮忙查订单状态""什么时候能收货？"等作为触发短语进入话题。得益于 PVA 的人工智能和自然语言处理功能，用户不必严格按触发短语来输入，例如"什么时候能收货"和"我的货什么时候到"都可以触发查询订单物流的话题。

（2）**消息节点**。

在话题中，对话路径的行进是由消息节点（简称节点）串连起来的。图 5.4 所示为 PVA 中可以在对话路径中添加的节点类型。节点类型非常丰富多样，包括如下。

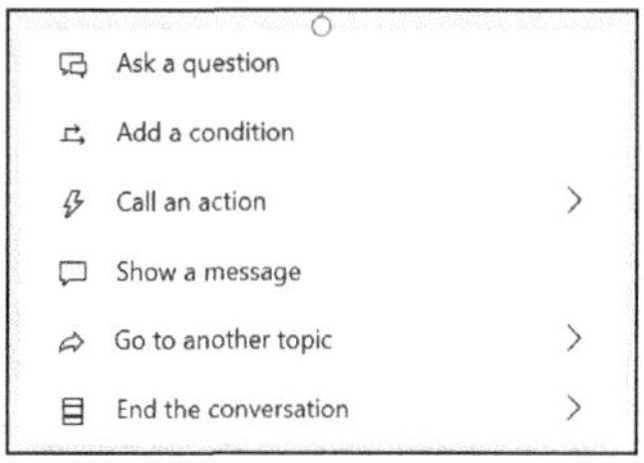

- 向用户询问问题（Ask a question）。
- 显示一条消息（Show a message）。
- 调用一个 Power Automate 工作流（Call an action→Create a flow）。
- 按特定条件在对话路径中添加分支路径（Add a condition）。
- 转到另一个话题（Go to another topic）。
- 结束对话（End the conversation）。

图 5.4 节点类型

（3）**话题结束**。

话题结束是一种特殊的节点，用于标记与机器人的对话结束情形。对话结束一般有两种情形：用户的问题得到解决；机器人无法解决问题，需要引入人工客服来解答。对于前一种情况，我们一般会在用户离开前向其询问对话体验，以便进行后续分析和改进。

在 PVA 中，对话路径的编辑界面如图 5.5 所示，其中①处表示触发短语，②处是一个问题类型的节点，③处是创建新的节点时的选项。

2. 实体

在自然语言处理中，理解用户的意图是至关重要的。例如，如果用户说"我的电脑开不了机"，机器人应该能识别是电脑故障，从而进入相应的话题进行处理。在这个过程中，一个很重要的步骤是对实体的识别。所谓实体，是指能代表现实世界中一类特定事件的信息单元，例如电话号码、邮箱地址、姓名、地址等。要注意的是，PVA 中的实体与 Dataverse 中的表（旧称"实体"）不是相同的概念，两者并不相通。

PVA 中为每个机器人预定义了大量的实体。图 5.6 所示为其中一个实体——"Money"（金钱）——的定义。可看到，用户以不同形式输入与金钱相关的短语或句子，PVA 都能识别，并能将金额提取出来。

图 5.5 对话路径的编辑界面

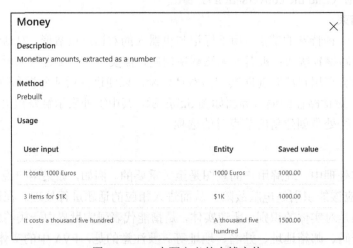

图 5.6 PVA 中预定义的金钱实体

除了使用预定义的实体，我们还可以创建自定义实体。图 5.7 所示为创建"运动"自定义实体。我们以列表的方式，列出可能的运动项目，如跑步、游泳等。我们还可以用相关词来代替一些运动项目，例如如果用户输入"马拉松"，我们就知道这是跑步。自定义实体设置中，一般建议开启"Smart matching"（智能匹配）选项（图 5.7 中①处），这能让 PVA 使用自然语言处理功能，对意思近似的语句进行智能匹配和自动修正。

实体定义好后，可在话题的节点中使用。图 5.8 所示为一个询问问题的节点，如果用户回答"马拉松"，机器人就知道他可能对跑步用品感兴趣。

图 5.7　创建"运动"自定义实体

图 5.8　一个询问问题的节点

3. 变量

变量是串联上下文信息的关键。当用户对机器人的询问给出回答时，我们可以用变量将回答保存起来，然后在后续的对话中使用。例如，在图 5.8 中，用户的回答保存在了变量"vSport（运动）"中。

在后续的对话使用变量时，可以通过编辑器中"{x}"图标来选择此前已定义过的变量。如图 5.9 所示，我们在一个显示消息的节点中，调用此前定义的"vEmail"变量。

变量也可用于调用 Power Automate 工作流时的参数传递和结果返回。在图 5.10 中，我们向工作流传递了两个变量作为参数，分别是"vEmail"和"vProject"；工作流返回的结果存放在"vRequestNo"变量中。PVA 中的变量是有数据类型的。PVA 支持的数据类型有 3 种：字符串、数字和布尔型。在使用变量时，特别是调用 Power Automate 工作流时，需要使用类型匹配的变量。

图 5.9　调用变量

图 5.10　向 Power Automate 工作流传递参数

5.2　快速创建聊天机器人

下面通过一个简化的例子，说明如何快速创建聊天机器人。我们模拟一家公司的 IT 部门日常接收 IT 服务请求的情境，期望通过机器人来获取必要的信息，然后调用后台的 Power Automate 工作流来创建工单，并通知工程师来处理。例如，如果用户要申请一台新电脑，机器人需要询问用户电子邮箱是什么、为了哪个项目而申请电脑；信息收集齐全后，机器人会通知工程师准备，并创建工单，返回工单号给用户。

5.2.1　机器人的创建过程

1. 创建机器人

首先，我们要在环境中创建一个新的机器人。在 PVA 主页右上角，单击 图标，然后单击 "New bot"（新建机器人）按钮，如图 5.11 所示。

在创建新的机器人界面中，按照图 5.12 所示填写机器人的名称为"IT 服务聊天机器人"，语言选择为 "Chinese（Simplified）（CN）"（简体中文），并选择目标环境，然后单击 "Create"（创建）按钮开始创建。创建过程可能需要几分钟。

图 5.11　创建新的聊天机器人

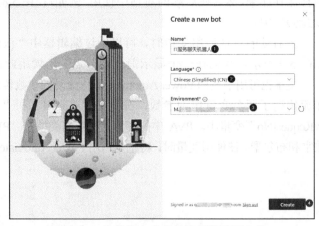

图 5.12　为机器人命名并选择聊天语言等

2. 创建实体

接下来，我们针对 IT 方面的各类问题创建一个自定义实体 "IT 问题"。这个实体用于在机器人询问用户需要哪种类型的帮助时，识别用户的输入来确定请求的类别。

单击 PVA 主页左侧控制面板的 "Entities"（实体）选项，然后在右侧工作区单击 "New custom entity"（创建自定义实体），如图 5.13 所示。

图 5.13　创建"IT 问题"自定义实体

编辑"IT 问题"所包含的项目，如图 5.14 所示。填写实体的名字为"IT 问题"，然后在右侧栏目处依次添加 IT 问题的几个类别：软件、硬件、网络、其他。接下来，分别为各个类别添加相关词，例如为"硬件"添加一个相关词"电脑"。添加相关词是为了使机器人更好地匹配用户的回答，即无论用户回答"硬件"还是"电脑"，机器人都能判断这是"硬件"类别的问题。

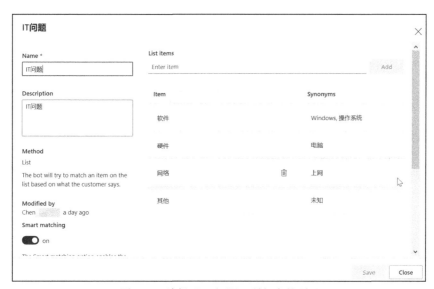

图 5.14　编辑"IT 问题"所包含的项目

最后，确保"Smart matching"选项处于启用状态，然后单击"Save"按钮保存。

3. 创建和编辑话题

我们需要编辑内置的"问候语"话题，使之反映我们的使用场景。另外更重要的是创建一个新话题，用于回应用户请求。下面是具体步骤。

（1）单击 PVA 主页左侧控制面板的"Topics"选项，然后在如图 5.15 所示右侧工作区单击"问候语"话题。进入话题后，单击"Go to authoring canvas"（进入编辑画布）按钮，进入"问候语"话题的编辑界面，如图 5.16 所示。

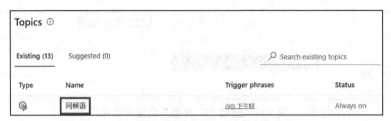

图 5.15　单击"问候语"话题

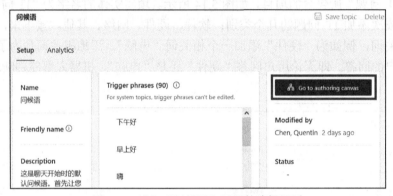

图 5.16　进入"问候语"话题的编辑界面

（2）修改节点内的消息，并删除多余的节点，如图 5.17 所示。修改好的对话路径如图 5.18 所示。单击"Save"按钮对话题进行保存。

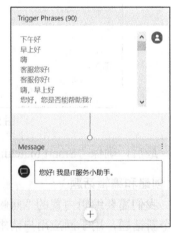

图 5.17　删除多余的节点　　　　　　　　　图 5.18　修改好的对话路径

（3）回到 PVA 主页的话题界面，单击"New topic"（创建新话题），如图 5.19 所示。

（4）在话题创建界面中（见图 5.20），输入"Name"（话题的名称）为"需要帮忙"，"Friendly name"（友好名称）为"各类 IT 服务"。在中部的触发短语中，添加若干个请求帮忙的短语，例

如"请帮忙""电脑出问题了"等。然后，单击"Go to authoring canvas"按钮，进入话题的编辑
界面。

图 5.19 创建新话题

图 5.20 话题创建界面

（5）进入话题编辑界面后，在触发短语下面，单击" + "按钮添加节点，选择"Ask a
question"（询问问题）。然后，如图 5.21 所示添加"询问问题"节点，输入问题"您的邮箱
地址是什么？"，在"Identify"（识别）栏，选择"Email"实体。也就是我们希望 PVA 能在
用户的回答中提取邮箱地址。最后，更新变量名为"vEmail（email）"。

（6）为了确保邮箱地址提取正确，我们接下来将提取到的邮箱地址显示出来。添加一个
"Show a message"（显示消息）的节点，然后如图 5.22 所示，使用"vEmail"显示从对话中
提取到的邮箱地址。

（7）根据用户问题类别的不同，后续 IT 服务的流程也会有所不同，因此我们需要询问
用户的问题类别。添加一个节点，如图 5.23 所示，填写好问题，然后选择前面创建的自定
义实体"IT 问题"。有需要的话，我们还可以限制给用户选择的项目（图中③处）。最后，

更新变量名为"vIssueCategory（it 问题）"。

图 5.21　添加"询问问题"节点

图 5.22　显示从对话中提取到的邮箱地址　　　图 5.23　添加节点询问 IT 问题的类别

　　（8）接下来，我们针对硬件问题，特别是对申请电脑的请求进行特别配置。为此，我们需要在对话路径中添加一个分支。图 5.24 所示为添加一个条件分支节点（Add a condition）。然后，如图 5.25 所示编辑"硬件"问题分支，填写条件为"vIssueCategory（it 问题）"，等于"硬件"，其中，"vIssueCategory（it 问题）"是上一步定义的变量。从而可见到，PVA 自动将所有其他情况归纳到另一个分支。

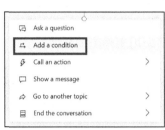
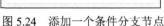

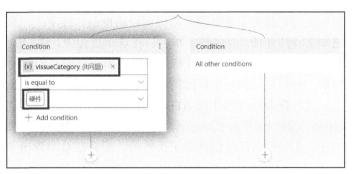

图 5.24　添加一个条件分支节点　　　　图 5.25　编辑"硬件"问题分支

（9）针对硬件问题，我们还要更进一步，即询问用户是什么硬件问题。为此，按照图 5.26 所示添加询问问题节点。这次我们选择识别"Multiple choice options"（多选项），然后添加两个选项："申请电脑"和"其他"，最后将用户的回答保存在变量"vHardwareIssue（text）"中。可见我们每添加一个选项，PVA 就会自动在后续的对话路径中添加一个分支。

（10）在"申请电脑"分支添加一个问题节点，询问用户是因为什么项目而申请电脑。这次需要识别用户的完整回答，并将其保存在变量"vProject（text）"中，如图 5.27 所示。接下来，我们要根据用户给出的这一系列回应，调用 Power Automate 工作流，生成工单并通知工程师处理。

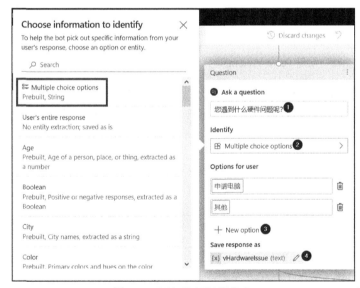

图 5.26　添加询问问题节点　　　　图 5.27　识别用户的完整回答并保存

4. 调用 Power Automate 工作流

在前文中，我们收集了用户的邮箱地址，也了解用户是因为硬件问题而联系机器人，而且知道用户是为了某个项目需要而申请电脑。接下来，我们调用 Power Automate 工作流，通知工程师处理，并生成工单号。在这个过程中，我们需要将用户的邮箱地址和项目名称作为参数传递给工作流，然后将生成的工单号返回并告知用户。我们将使用一个简化逻辑的工作流，但已足以演示工作流的调用和数据传递。下面是创建和调用工作流的步骤。

（1）在询问因为什么项目而申请电脑的节点下，添加一个新的节点。我们选择"Call an action"（调用动作），然后在弹出菜单中，选择"Create a flow"（创建一个工作流），如图 5.28 所示。如果此前已经创建好了工作流，那么在这个弹出菜单中，可以直接选择并调用之。

图 5.28　创建 Power Automate 工作流

（2）Power Automate 界面会自动打开，并创建一个新的 PVA 类型的工作流，新创建的工作流如图 5.29 所示。工作流的触发器和最后一个动作都被自动添加了，触发器是 PVA 的调用，而最后一个动作是向 PVA 返回结果。

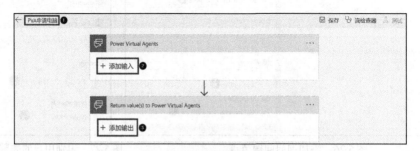

图 5.29　新创建的工作流

（3）在工作流触发器中，添加两个文本类型的输入参数，分别是"vEmail"和"vProject"，分别代表用户的邮箱地址和申请电脑的项目，如图 5.30 所示。同样道理，在最后一个动作中添加一个数字类型（Number）的输出参数，名为"vRequestNo"，用于返回工单号。为简化处理，我们用 ticks(utcNow()) 函数来作为工单号，即当前时间的系统相对时间（以 100 纳秒为单位），如图 5.31 所示。

图 5.30　添加工作流的输入参数

图 5.31　添加工作流的输出参数

（4）在工作流中间（触发器和返回动作之间）添加一个动作"发送电子邮件（V2）"，如图 5.32 所示，向工程师发送邮件通知，邮件正文使用"vEmail"和"vProject"两个变量来显示电子邮箱地址和项目名称。然后保存工作流。

图 5.32　添加"发送电子邮件（V2）"动作

（5）回到 PVA 界面，在第（1）步的节点中，应该可以看到刚刚创建的工作流。将"vEmail"和"vProject"两个变量设置为输入参数，将返回结果（工单号）存放在"vRequestNo（number）"

变量中，调用 Power Automate 工作流如图 5.33 所示。

（6）然后，添加一个显示消息的节点，将工单号显示出来，如图 5.34 所示。

图 5.33　调用 Power Automate 工作流　　　　图 5.34　添加节点显示工单号

（7）这个分支的对话，到此就应该结束了，因此添加"End the conversation"（结束对话）节点，然后选择"End with survey"（结束时让用户反馈体验），如图 5.35 所示。

对话路径其他分支的配置过程是类似的，受篇幅所限，此处不赘述。

5.　测试聊天机器人

PVA 的优势是在配置话题的过程中，可以随时使用界面中部的测试区进行聊天测试和调试。图 5.36 所示为聊天机器人测试界面，可以启用"Track between topics"（跟踪话题）选项，以便对话过程中在右侧工作区实时显示当时话题及节点。

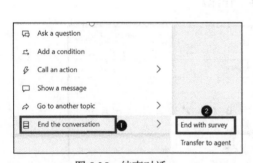

图 5.35　结束对话　　　　　　　　　　图 5.36　聊天机器人测试界面

接下来我们对机器人进行测试，如图 5.37 所示，输入触发短语，机器人会按对话路径询问用户的邮箱地址，然后提取邮箱地址并显示出来。

接下来测试硬件问题的识别，如图 5.38 所示。用户输入"电脑"，虽然它不是类别的一种，但机器人能正确识别出它是硬件类别，继续询问用户是哪一种硬件问题。

图 5.37　测试邮箱地址的提取

图 5.38　测试硬件问题的识别

　　用户回答是要申请电脑，于是机器人询问是为了什么项目而申请电脑。用户回答后，机器人调用 Power Automate 工作流，通知工程师，并返回工单号（申请号），如图 5.39 所示。

　　接下来机器人询问是否解决了问题，并让用户对聊天体验进行反馈，如图 5.40 所示。

图 5.39　测试调用 Power Automate 工作流

图 5.40　让用户反馈体验并结束对话

5.2.2   机器人的发布和使用

机器人开发完成后，需要发布才能投入使用。单击左侧控制面板中的"Publish"（发布）选项，然后在右侧单击"Publish"按钮即可完成发布，如图 5.41 所示。

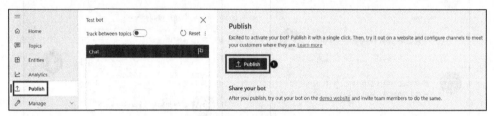

图 5.41   发布机器人

发布完成后，我们可以通过多个渠道使用机器人，例如网站、Microsoft Teams、社交平台等。假如我们要将机器人部署到公司的网站，可以单击控制面板的"Manage"→"Channels"，然后选择"Custom website"（自定义网站），如图 5.42 所示。在弹出的对话框中，复制 HTML 代码（见图 5.43），将其嵌入网站的适当位置，即可使用机器人。

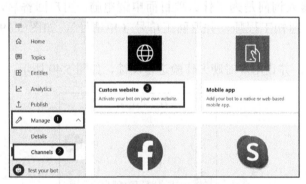

图 5.42   将机器人部署到自定义网站

图 5.43   复制 HTML 代码

5.2.3   机器人的性能分析

PVA 内置了丰富的分析功能，可以分析机器人的性能、各话题的触发量和使用率、客户的满意度以及各会话的详细信息。分析功能可从控制面板的"Analytics"（分析）选项进入，进入后可看到多个 Power BI 报告，机器人的分析界面如图 5.44 所示。

要理解分析页面的结果，先要了解 PVA 关于机器人性能的几个概念。

（1）用户互动（**Engagement**）：可理解为"有话题可聊"，即机器人从对话中能够识别一个或以上的话题，从而使对话能够进行下去。每个话题的结果有 3 种可能，分别是问题解决、提请人工客服和用户放弃。

图 5.44　机器人的分析界面

（2）**问题解决（Resolution）**：机器人能够完成话题并帮用户解决问题。所谓"完成话题"，是指对话能到达话题的最后一步即"结束对话"。在此处，机器人会询问用户是否已解决问题，用户可选择"是"或"否"。

（3）**提请人工客服（Escalation）**：机器人无法解决用户的问题，用户可选择提请人工客服处理。

（4）**用户放弃（Abandon）**：话题没能完成，用户也没有提请人工客服，而提前关闭了对话。

衡量机器人的性能，很明显，用户互动越多，问题解决比例越高，机器人性能越好，而提请人工客服和用户放弃的比率越低，机器人性能越好。

在分析界面中，我们可以看到在所选的日期范围内用户互动、问题解决、提请人工客服和用户放弃等几种聊天情况的比率，如图 5.45 所示。

图 5.45　几种聊天情况的比率

针对提请人工客服和用户放弃两种情况，我们可以进一步查看细化的图表（见图 5.46），以了解哪一些话题最容易引起提请人工客服和用户放弃，从而可以对话题进行更新和优化。

图 5.46　引起提请人工客服和用户放弃的话题图表

　　我们也可以下载特定日期和时间所发生的人机对话脚本，以便查看机器人在对话中的表现，如图 5.47 所示。图 5.48 所示为查看对话脚本，我们通过分析机器人为什么接不上话或解决不了问题，可以找到对应的话题，对其进行修改和优化。

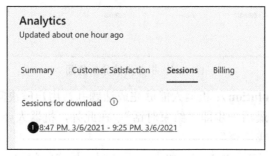

图 5.47　下载对话脚本

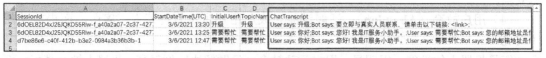

图 5.48　查看对话脚本

第 6 章　综合示例之《我的食物世界》

6.1　示例项目功能介绍

从本节开始，我们将通过创建综合示例实现低代码应用开发，帮助用户更好地理解各 Power Platform 应用和组件之间的集成效应。综合项目涉及 Power Platform 中的几乎所有重要应用和组件，包括 Power Apps、Power Automate、Power BI、Dataverse、AI Builder 等。

（1）**名称**：《我的食物世界》。

（2）**功能**：产品为使用者记录每日饮食记录，通过记录分析人体摄入营养与人体日均营养所需，为使用者提供饮食分析报告，指导使用者科学把控营养摄入，并提供饮食建议，具体功能图请参见图 6.1。

（3）**特性**。

- 用户输入：实现输入食物摄入记录，包括食物名称、重量、系统会根据预设的主数据表自动计算摄入的食物的各项营养指标。
- AI 识别：实现智能识别食品照片，如西兰花、番茄等的物品名称以及其个数。
- 自动预警：一旦涉入能量超过警戒值，系统自动对用户发出预警提示。
- 用户提交：一旦发现 AI 识别错误结果或者用户发现新的未被记录的食物，用户可以向管理平台提交问题。
- 系统管理：分别对食品信息与用户信息进行管理操作。
- BI 分析：可进行营养成分分析、趋势变化分析、分解树分析以及健康评分。

（4）**软件及技术**。

- Dataverse：用于存储数据以及定义数据表之间的关系。
- Power Apps：用于创建输入应用。
- AI Builder：用于识别图像。
- Power Automate：用于创建业务流程流，自动发送报表分析。
- Power BI：用于数据分析，饮食评分。

（5）开发模式：**敏捷开发 Scrum 模式**。

- 轻量级迭代开发。
- 每日会更新进度。

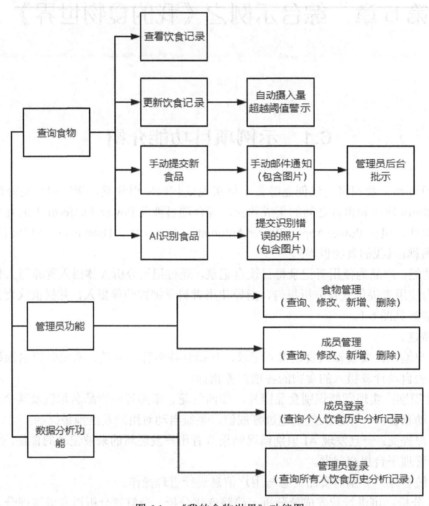

图 6.1 《我的食物世界》功能图

6.2 设计与创建数据表

6.2.1 设计数据表

本阶段为数据理解阶段，简单而言即定义需要哪些数据来完成应用的实现。图 6.2 所示为《我的食物世界》数据结构图，包括用户、食物营养含量、日摄入食物记录、推荐每日营养含量与 AI 识别模型。

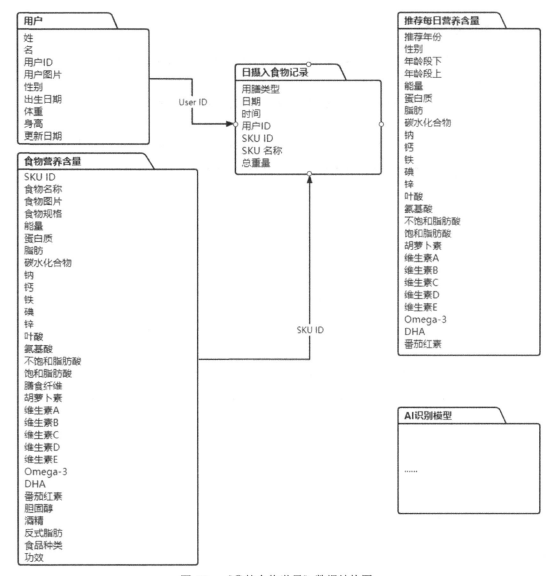

图 6.2 《我的食物世界》数据结构图

（1）用户：用于存储用户的个人信息，包括照片。

（2）食物营养含量：存储各类食物（SKU）的营养信息定义，包括食物类型、食物功效和食物照片等。

（3）日摄入食物记录：存储用户日摄入食物的历史记录，包括时间、用膳类型等。

（4）推荐每日营养含量：存储不同年龄段、不同性别用户的标准健康摄入营养量。

（5）AI 识别模型：存储 AI 识别的机器学习结果。

6.2.2　创建数据表

首先我们为项目创建 Dataverse 数据表，用于存放应用数据，读者可参考 3.3.3 小节的内容，创建相应的记录，此处不赘述。

完成数据表创建后，我们可以选择手动输入食物营养表主要数据或者批量导入，批量导入的操作如下。

（1）在 Power Apps 界面下选择"表"，选择"数据"→"获取数据"，如图 6.3 所示。

图 6.3　获取数据

（2）在弹出的数据源设置框下，选择 Excel 数据源，如图 6.4 所示。

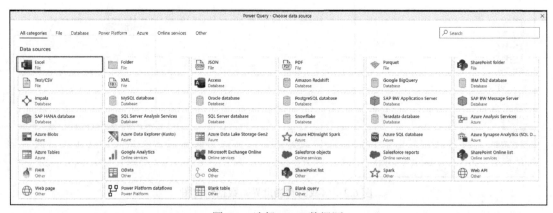

图 6.4　选择 Excel 数据源

（3）在弹出的对话框中，输入指向数据文件的 URL 路径，注意路径非本地路径，为 OneDrive for Business，如图 6.5 所示。

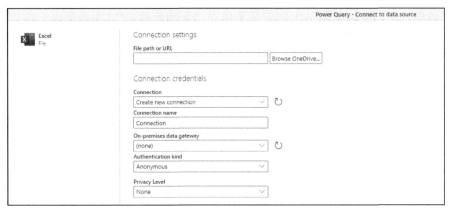

图 6.5 输入指向数据文件的 URL

（4）将如图 6.6 所示的食物营养含量主数据表放置在第（3）步对应的 URL 路径文件夹中。

	A	B	C	D	E	F
1	食物名称	食物种类	食物规格	功效	能量（kJ）	DHA（mg）
2	米饭	谷薯	100	米饭的主要成分是碳水化合物，米饭中的蛋白质主要是米精蛋白，氨基酸的组成比较完全，人体容易消化吸收，糙米饭中的矿物…	100	1
3	方便面	谷薯	100	缓解饥饿，快速补充能量，富含淀粉、蛋白质，能量、碳水化合物	472	1
4	煎饼	谷薯	100	煎饼多以粗粮制成，常吃煎饼可以促进肠胃蠕动，有益肠胃健康	386	1
5	酸奶	奶制品	100	酸奶是由鲜牛奶发酵而成的，富含蛋白质、钙和维生素，尤其对那些因乳糖不耐受而无法享用牛奶的人来说，酸奶可以是……	72	1
6	苹果	果蔬	100	苹果是一种低热量的食物，每100克产生大约60千卡左右的热量。苹果中营养成分可溶性大，容易被人体吸收，故有"活水"之称	52	1
7	叉烧肉	肉蛋豆	100	猪肉为人类提供优质蛋白质和必需的脂肪酸，猪肉可提供血红素（有机铁）和促进铁吸收的半胱氨酸，能改善缺铁性贫血	279	1
8	西兰花	果蔬	100	西兰花中含有蛋白质、碳水化合物、脂肪、矿物质、维生素C和胡萝卜素等。此外，西兰花中钙、磷、铁、钾、锌、锰等…	33	1

图 6.6 食物营养含量主数据表

（5）另外，批量导入数据的格式为文本格式，不支持直接导入图片和选项集格式字段。对于此类限制，解决方式是先上传 Excel 文件内容，然后在表记录中手动创建该类的字段，再手动维护数据，如图 6.7 所示。

图 6.7 创建图片字段、定义值字段

（6）最后，我们需按照图 6.2 所示关系建立"食物营养表"（主数据表）与"日摄入食物记录"（事实数据表）的一对多关系。在"食物营养表"的关系下，单击"添加关系"，建立"一对多"的关系，如图 6.8 所示。

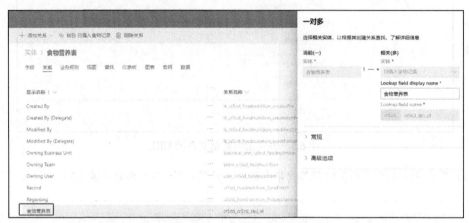

图 6.8　管理两个数据表之间的关系

成功建立关系后，Dataverse 会自动在多端"日摄入食物记录"中添加"食物营养表"字段，如图 6.9 所示。

图 6.9　成功管理后的信息

6.3　应用主界面设计

完成了数据集的创建与数据准备后，我们开始创建前端"查询食物"应用，具体功能详情参见图 6.1。图 6.10 所示为应用主界面，主界面下共有 7 个功能区。

图 6.10　应用主界面

（1）**用户头像**：提示当前登录用户的身份，身份识别的依据是用户在活动目录中的邮件信息。公式如下：

```
First(Filter(用户信息表,'用户信息表 (cr5cd_userid)'=varUserEmail)).头像
```

公式中的 varUserEmail 为全局变量，设置在 App 的 "OnStart" 中可见，设置显示用户头像如图 6.11 所示。First()将 Filter()返回的表格式转化了行格式，"头像"是用户信息表中的图像的对应字段属性。

图 6.11　设置显示用户头像

单击该用户头像之后，进入用户修改界面，此处可修改用户的头像、体重和预警值，如图 6.12 所示。修改完成后单击打勾标志更新记录，代码如下，Notify()用于提示用户修改成功。注意，此处的预警值是控制自动预警日摄入热量的阈值。

```
SubmitForm(UserProfileForm);
Notify( "修改成功!", NotificationType.Success );
ResetForm(UserProfileForm)
```

（2）**食物搜索栏**：用于输入搜索关键字。

（3）**食物列表**：列表内容来自 Dataverse 中"食物营养表"中的记录，关键字查找如图 6.13 所示。

图 6.12　用户信息设置

图 6.13　关键字查找

该功能代码如下。Filter() 的筛选部分有两重判断条件：第一层是依据食物搜索栏关键字信息作为判断条件；第二层是依据"Approved"字段的状态作为判断条件，只保留"yes"的条件的记录，Text(Approved) 是对布尔值的转换。

```
Filter(食物营养表,'Search Box'.Text in 食物名称, Text(Approved)=yes)
```

图 6.14 所示的两个选项类型字段为该字段在 Dataverse 中的定义。注意，当条件改为"Approved=true"时，会出现数据类型匹配错误，处理 Dataverse Option Set 字段时，特别要注意字段类型的限制。

（4）**录入食物界面**：单击选定食物对应的图标，进入录入食物界面。

（5）**发现新食物**：当"食物营养表"现有记录中没有用户所需的食物时，可通过该功能提交新食物的信息，提交成功后，管理员会收到自动提示，并对申请进行审批。

（6）**查看历史**：查看过去的饮食记录。

（7）**AI 识别功能**：通过图像识别（拍摄照片或上传照片）来提取食物名称与数量。

图 6.14　两个选项类型字段

6.4 录入食物界面

在主界面中单击"＞"图标后，界面跳转至录入食物界面，如图 6.15 所示。界面主要由两张表格组成。上方的是录入食物用的编辑表格，对应数据源为"DataSource=DailyIntakes"，下方是显示食物信息的只读表格，对应数据源为"DataSource=食物营养表"。

编辑表格上方显示了所选食物的名称，下方设置默认单位值为 100g/mL，用户可以根据实际情况进行改动。用膳类型是必填项，对应的界面设计代码有两处，分别是父级的 DataCard1（见图 6.16）与子级的 DataCardValue7（见图 6.17）。

图 6.15　录入食物界面

图 6.16　界面设计代码 1

图 6.17　界面设计代码 2

值得注意的是，编辑表格有隐藏字段，分别为"食物名称"与"SKU_ID"，对应"Default"属性分别为：

```
FoodGallery.Selected.食物名称
FoodGallery.Selected.SKU_ID
```

因为这些信息属于只读信息，所以在用户模式下，这些字段被隐藏起来。但是在更新记录时，这些字段信息会被一同更新至 Dataverse 中，隐藏的方式是将字段的 Visible 属性设置为 off。隐藏字段的更新如图 6.18 所示。

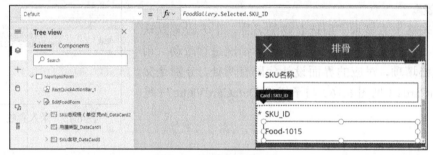

图 6.18　隐藏字段的更新

当确定规格与用膳类型后，单击图标"✓"，食物记录会被更新，界面会跳转至如图 6.19 所示的更新完成确认界面。更新代码为：

```
SubmitForm(EditFoodForm); ResetForm(EditFoodForm)
```

图 6.19　更新完成确认界面

6.5　AI 识别功能

6.5.1　AI 识别界面

　　用户除了可以通过手动输入食物名称来查找食物，还可以通过 AI 识别功能，对拍摄的食物照片进行分析检测，从而识别出是哪种食物。图 6.20 所示为 AI 识别界面，系统识别出图片中有豆浆和油条。AI 识别功能是通过 AI Builder 实现的。我们创建了一个 AI 模型——Food Detection（食物检测），并预先通过大量食物图片对其进行训练，从而使它能对用户上传的食物图片进行分析。

　　AI 识别界面中各功能如下。

　　（1）**检测**：拍摄或上传食物的图片，并触发 AI 识别功能。这是一个对象检测器（Object Detector），其与 AI 模型 Food Detection 相关联，如图 6.21 所示。关于这个 AI 模型，后面会详细讲述。

　　图 6.20　AI 识别界面　　　　　　图 6.21　对象检测器与 AI 模型相关联

　　（2）**手动添加**：当系统未能识别出图片中的食物时，手动输入该食物信息。

　　（3）**新食物**：向系统的食物库中提交新的未被收录的食物信息，详见 6.7 节。

　　（4）**报告问题**：向系统管理员报告 AI 识别时出现的问题，例如食物未被识别出来，或者识别错误。系统管理员在后台可以进行维护和更新。

　　（5）**识别到的食物列表**：列表内容来自 AI 模型识别出来的食物结果。

　　该功能的代码如下：

```
Filter(FoodDetector.GroupedResults, ObjectCount>0)
```

其中，Filter()是 Power Apps 的筛选函数；FoodDetector.GroupedResults 是指 AI 模型在图片中所识别出的食物，可能有不止一种；ObjectCount 是指食物在图片中出现的次数。整个表达式的意思是从 AI 模型中读取识别到的食物（ObjectCount>0 即食物在图片中出现的次数大于 0）。

（6）**录入食物界面**：选取列表中的食物后，进入录入食物界面，更新其数量、用膳类型（早餐、午餐或晚餐）等信息。

6.5.2 AI 模型训练

AI 模型 Food Detection 需要在 AI Builder 中创建和训练。我们创建一个物体检测模型，可以识别图像中的内容并对其进行计数。模型与 Dataverse 中的"AI 食物"表的"Food Name"（食物名称）属性相关联，并选择其中若干种食物进行训练，如图 6.22 所示。

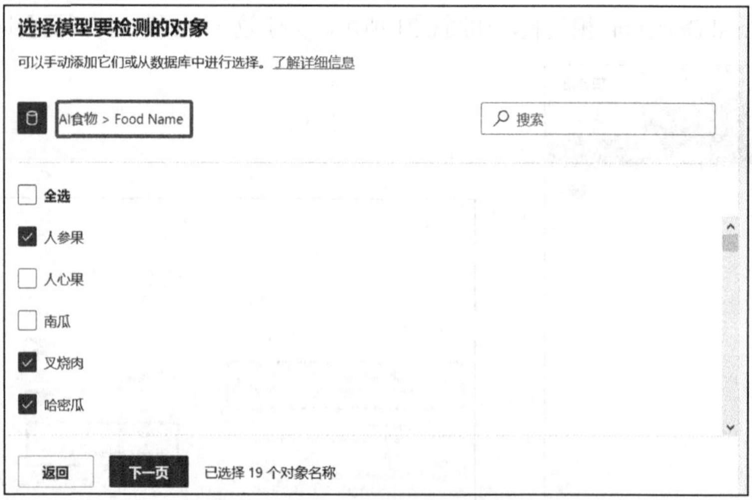

图 6.22　选择模型要检测的对象

要对食物进行训练，先要大量添加图像。为了模型在后期上线后取得良好的识别效果，每种食物最少要准备 15 张照片，越多越好。我们可从网络上选取多种食物的照片，上传到模型中进行手动训练。注意，同一张照片包含 2 个或以上对象是允许的。

我们使用监督学习的方法对模型进行训练，对图像手动标记里面有哪种食物，以及食物在图像中出现的范围。如图 6.23 所示，我们先划定香蕉出现的范围，再在对象列表中标记这是香蕉。

对所有图像都进行了手动标记后，就可以启动模型，让其训练了。如图 6.24 所示，单击"培训"对模型进行训练。训练完成后，就可以在 Power Apps 里面通过对象检测器进行使用了。

不使用图像
清除
放弃更改
详细信息
已完成标记
正在标记进度
第 1 个图像(共 330 个)
必须为每个对象标记至少 15 个图像。为每个对象标记 50 个以上的图像可能会产生更好的结果。每个图像可以有多个标记。
已应用标记
15 菠萝
15 菠萝蜜
20 叉烧肉
22 豆腐
香蕉
选择对象
搜索
烧饼
圣女果
香蕉
小米粥
油条

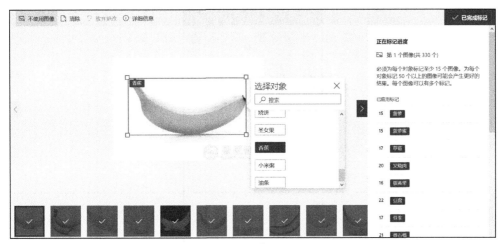

图 6.23 对图像进行手动标记

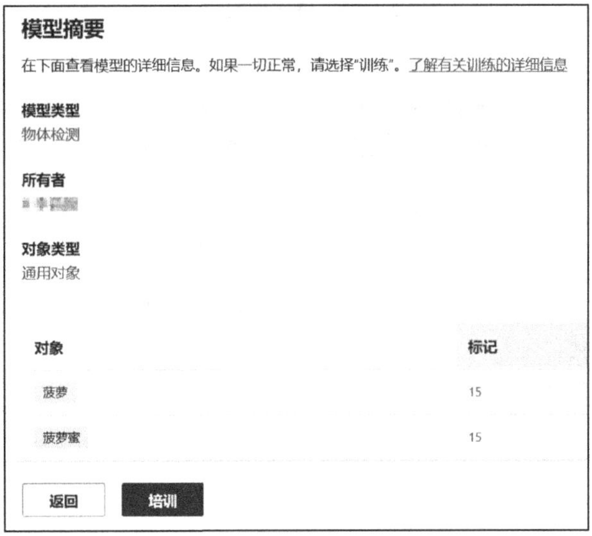

模型摘要
在下面查看模型的详细信息。如果一切正常，请选择"训练"。了解有关训练的详细信息
模型类型
物体检测
所有者
对象类型
通用对象
对象
标记
菠萝
15
菠萝蜜
15
返回
培训

图 6.24 对模型进行训练

6.6 历史记录界面设计

单击主界面的“查看历史”工具，界面将跳转至如图 6.25 所示的食物摄入历史记录界面，该界面一共分为 4 个主要功能区域。

（1）**日期范围**：在此筛选日期的范围，该控件的“DefaultDate”为动态值，具体的代码如图 6.17 所示的界面设计代码 2。日期范围的设置如图 6.26 所示。

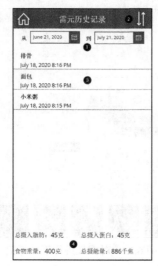

图 6.25 食物摄入历史记录界面

图 6.26 日期范围的设置

（2）**排序功能**：与前文案例相似，可通过 UpdateContext({SortHistory:!SortHistory}) 控制布尔类型变量的变化。

（3）**历史记录**：历史记录内容由以下语句控制。

```
SortByColumns(
    Filter(
        DailyIntakes,
        日期时间>=DatePickerFrom.SelectedDate && 日期时间<=DateAdd(DatePickerTo.
SelectedDate,1,Days),
        'Created By'.'Primary Email' = varUserEmail
    ),
    "createdon",
    If (
        SortHistory,
        Ascending,
        Descending
    )
)
```

公式中的 Filter() 有双重筛选条件：日期范围与邮件身份。排序是依据"createdon"字段进行的升序或者降序，开关由排序功能控制。

（4）**摄入关键数据**：这里一共由 4 个计算公式组成。除了"食物重量"的计算为直接加总，其他 3 个公式都有共同特征：皆为"SKU 总规格（单位 g\ml）'/100"乘"食物营养表"（一表）的相关项的迭代结果的汇总，与 DAX 中的 SUMX 函数非常类似。之所以跨表相乘有效，得益于一表与多表之间建立的 LOOKUP 关系，如图 6.27 所示。

```
"总摄入脂肪:" & Sum(GalleryHistory.AllItems, 食物营养表.'脂肪（g）'* 'SKU 总规格（单位 g\ml）'/100)&"g"
//将表中的物品的脂肪含量乘以食物重量，得出摄入食物的总脂肪量。

"食物重量:" & Sum(GalleryHistory.AllItems,'SKU 总规格（单位 g\ml）')&"g"
//汇总表中的物品总的重量。


"总摄入蛋白:" & Sum(GalleryHistory.AllItems, 食物营养表.'蛋白质（g）'* 'SKU 总规格（单位 g\ml）'/100)&"g"
//将表中的物品的蛋白质含量乘以食物重量，得出摄入食物的总蛋白量。

"总摄能量:" & Sum(GalleryHistory.AllItems, 食物营养表.'能量（kJ）'* 'SKU 总规格（单位 g\ml）'/100)&"kJ"
//将表中的物品的总能量含量乘以食物重量，得出摄入食物的总能量
```

图 6.27 Dataverse 表的多对一关系

6.7 新食物的提交与审批功能

6.7.1 新食物的提交与审批流程

如果需要添加的食物尚未被收录到系统食物库中，用户可以将该食物的信息提交到系

统。该食物需要先经系统管理员审批，然后才会出现在食物库中。

　　添加新食物并输入其详细信息（如名称、照片、营养成分等）的操作在一个界面内完成。当用户提交新食物后，会在 Dataverse 中创建一个新食物记录，同时系统会触发一个 Power Automate 工作流，发送邮件通知管理员。管理员单击邮件中的链接后，会进入一个 Model-driven App，对该新食物进行审批和编辑，完善该食物的信息并激活新食物。这一系列操作完成后，该食物就会出现在主界面的食物列表中了。新食物提交和审批的流程如图 6.28 所示。

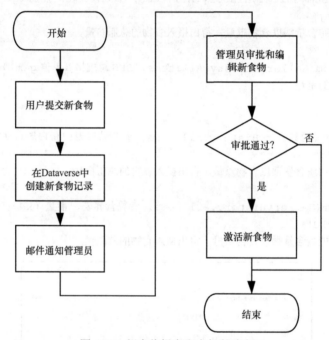

图 6.28　新食物提交和审批的流程

6.7.2　提交新食物的界面设计

　　下面介绍提交新食物界面的设计和开发过程。

　　在主界面中，添加一个按钮"发现新食物"。该按钮的 OnSelect 动作为"Navigate (ReportMissingFood, Fade)"，即打开"ReportMissingFood"（提交新的食物）界面。主界面中的"发现新食物"按钮如图 6.29 所示。

　　提交新食物的界面如图 6.30 所示。

　　图 6.30 中各个控件的简介与设计过程如下。

　　（1）**食物名称**：让用户提交食物时输入食物的名称。

　　（2）**食物图片**：让用户添加食物图片，或者从设备的图片库中选择现成的食物图片。

图 6.29 主界面中的"发现新食物"按钮

图 6.30 提交新的食物界面

食物名称和食物图片都属于同一个编辑表格,该编辑表格与"食物营养表"关联,如图 6.31 所示。

图 6.31 编辑表格与"食物营养表"关联

除"食物名称"和"食物图片"两个可见字段外,还有一个隐藏字段"Approved_DataCard1",用于表示食物是否已被审批。其"Visible"属性值设为"Off",因此是隐藏的,并且其默认值是"No"(数据卡值的默认选择项设置为["No"])。这几项设置的效果是新食物在提交后会处于未审批状态,需要经过管理员审批后,才能在主界面的食物列表中显示。

(3)**提交按钮**:将用户提交的食物添加到 Dataverse 的"食物营养表"中。

这个按钮的 OnSelect 代码如下:

```
If(!IsBlank(LookUp(食物营养表, 食物名称=textinput_FoodName.Text)), Update
```

Context ({context_show_popup:true,context_popup_message:"您要提交的食物在我们的食物库中已有收录哦，请返回重新搜索它吧！"}),SubmitForm(EditForm1);UpdateContext({context_show_popup: true,context_popup_message:"感谢您提交食物！管理员审批完成后，您就可以使用它啦！"}))

它实现的逻辑如下。

- 检查"食物营养表"中是否已存在与"食物名称"输入框中同名的食物，这是通过 LookUp() 方法查询"食物营养表"的记录来实现的。
- 如果要提交的食物已存在，那么弹出一个对话框，提示用户食物已存在，可以直接在主界面使用。
- 如果要提交的食物不存在，那么使用 SubmitForm() 方法提交一个新记录到"食物营养表"（记得其 Approved 属性是"No"），同时弹出一个对话框，提示用户该食物需经管理员审批。

Power Apps 并没有内置对话框控件，因此本应用使用了另一种方法实现对话框功能。

- 分别添加一个按钮、一个标签和一个长方形控件，并将它们组合在一起（组合名为"Popup"），即用组合控件模拟对话框，如图 6.32 所示。
- Popup 组合的 Visible 属性用一个全局变量 context_show_popup 来表示。标签控件用于存放要显示的信息，它的 Text 属性用一个全局变量 context_popup_message 来表示。
- 在上述提交按钮中，通过 UpdateContext() 方法来分别更新 context_show_popup 和 context_popup_message 两个全局变量的值，从而控制对话框是否显示，以及要显示什么信息。对话框显示效果如图 6.33 所示。另外，对话框中的"知道了"按钮的 OnSelect 代码是 UpdateContext({context_show_popup:false})，即单击后会将对话框隐藏。

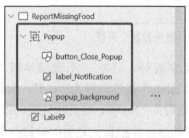

图 6.32　用组合控件模拟对话框

图 6.33　对话框显示效果

（4）**退回按钮**：退出本界面，退回到前一界面。其 OnSelect 代码是 Back()。

6.7.3 管理员审批功能

管理员审批功能是通过一个 Power Automate 工作流和一个模型驱动应用来实现的。其中，Power Automate 工作流的步骤如图 6.34 所示。

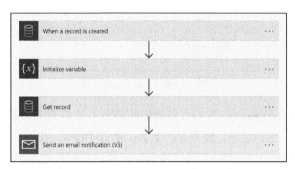

图 6.34　Power Automate 工作流的步骤

各步骤的功能如下。

（1）When a record is created（当新记录被创建时）：监控 Dataverse 中的"食物营养表"，一旦有新的记录被创建了，就触发本工作流。设置"When a record is created"动作如图 6.35 所示。

图 6.35　设置"When a record is created"动作

（2）Initialize variable（初始化变量）：初始化"Food URL"变量，用于存放新食物审批和编辑页面的网址，该网页属于一个简单的模型驱动应用（稍后叙述）。设置"Initialize variable"动作如图 6.36 所示，可以通过新创建的食物 ID 来直达该食物的编辑界面。

图 6.36　设置"Initialize variable"动作

（3）Get record（从 Dataverse 读取一个表记录）：根据新食物的"Created By"（创建者）属性，从用户表中读取新食物的创建者的详细信息。设置"Get record"动作如图 6.37 所示。

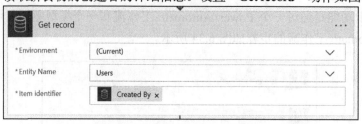

图 6.37　设置"Get record"动作

（4）Send an email notification（V3）（发送邮件通知）：向管理员发送邮件，在邮件中显示新提交的食物的基本信息，包括名称、提交者的全名、提交时间等，并附上审批和编辑页面的链接。设置"Send an email notification（V3）"动作如图 6.38 所示，邮件通知示例如图 6.39 所示。

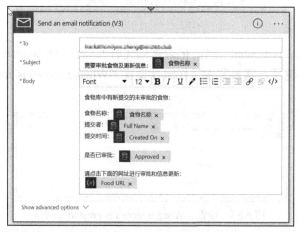

图 6.38　设置"Send an email notification（V3）"动作

图 6.39　邮件通知示例

模型驱动应用是用于审批和编辑新提交的食物的，创建的过程不详述，主要步骤如下。

（1）编辑"食物营养表"的主窗体，使之包含"Approved"字段，以及所有营养素的字段，如图 6.40 所示。

（2）在模型驱动应用的"SitemapDesigner"中，添加一个区域和一个子区域，其中子区域选择"食物营养表"作为表，表示本模型驱动应用是基于"食物营养表"来运行的。编辑站点地图如图 6.41 所示。

图 6.40　编辑"食物营养表"主窗体

图 6.41　编辑站点地图

由于每个模型驱动应用的应用 ID 是唯一的，因此可以将它复制，并填在 6.7.3 小节所述 Power Automate 工作流的第 2 步中，以构建新食物审批和编辑页面的网址。管理员通过单击邮件中的链接进入该编辑界面后，可以修改"Approved"字段，编辑各营养素的数据，使该食物生效。

6.8　食物摄入过量警报

用户每摄入一次食物，系统都会根据该食物的单位热量和分量，计算该份食物的热量，进而计算出当天所摄入的食物的总热量。当总热量超过了该用户的推荐日摄入热量一定的范围时，系统会发送邮件警报给用户，提醒他注意饮食，不要超量。

此功能主要通过 Power Automate 工作流来实现。图 6.42 所示为食物摄入过量警报的流程。下面简单介绍流程中的重点步骤的设置方法。

（1）让工作流监控 Dataverse 中的"日摄入食物记录"，每当有用户录入新摄入的食物时，"日摄入食物记录"中就会新增一条记录，本工作流就会触发。

（2）获取当前用户信息，这实际上由两个子步骤组成：先使用 Get Record 动作从 Dataverse 内置的 Users 表中读取当前用户，以便于取得他的邮件地址（Users 表是 Dataverse 内置的表，每一个登录用户都对应其中的一条记录）；然后使用 List Records 动作在 Dataverse 的"用户信息表"中按照邮件地址读取用户信息。List Records 动作实际上会返回一个列表，但由于用户的邮件地址是唯一的，因此所返回的列表只包含一个用户的信息。获取当前用户信息的配置如图 6.43 所示，图中 List Records 动作改名为"Get UserInfo"。

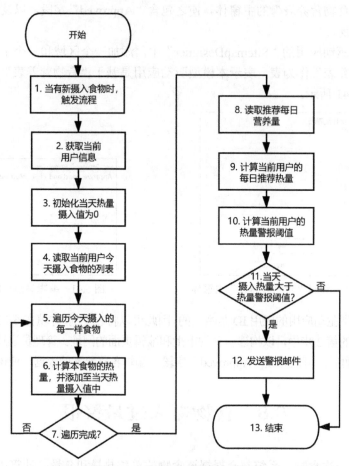

图 6.42　食物摄入过量警报的流程

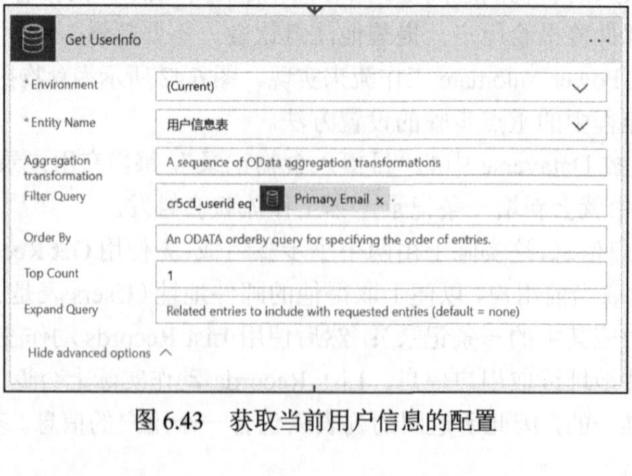

图 6.43　获取当前用户信息的配置

其中的查询语句为：

```
cr5cd_userid eq'@{body('Get_current_user')?['internalemailaddress']}'
```

意思是从"用户信息表"中，根据用户的邮件地址来进行筛选。Get_current_user 是 Get Record 动作所读取的 Users 记录。

（3）初始化热量摄入值，使用了 Initialize variable 动作。变量名为"energy"，类型为"Float"，如图 6.44 所示。图中 Initialize variable 动作改名为"Initialize energy intake"。

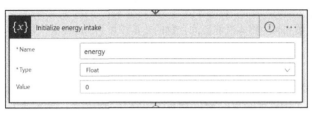

图 6.44 初始化热量摄入值

（4）列出当前用户当天摄入食物的列表，使用了"List today's intake records"动作，如图 6.45 所示。

图 6.45 列出当前用户当天摄入食物的列表

其中的查询语句是：

```
createdby/systemuserid eq @{body('Get_current_user')?['systemuserid']} and
createdon gt @{addHours(startOfDay(addHours(triggerBody()?['createdon'],8)),-8)}
```

意思是读出由当前用户创建的，而且创建时间晚于今天 0 点的记录。使用 addHours()方法是由于开发环境使用了世界协调时间，与中国标准时间有 8 小时时差。如果开发环境使用中国标准时间，就不需要使用 addHours()方法。

（5）使用 Get Record 动作从"食物营养表"中读取本次遍历的食物的热量和营养素。

（6）使用"Increment today's energy intake"动作来将本次遍历的食物的热量添加到"energy"变量中，如图 6.46 所示。

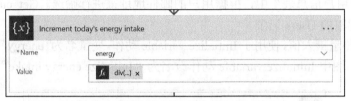

图 6.46 将本次遍历的食物的热量添加到"energe"变量中

其中的语句为：

```
@div(mul(items('Apply_to_each')['cr5cd_skuweight'],body('Get_food_nutrition')?
['cr5cd_energy']),float(body('Get_food_nutrition')?['cr5cd_food_size']))
```

意思是将本次遍历的食物的重量与食物的单位热量相乘，再除以单位热量中的食物分量。例如，本轮食物摄入了 500g，而单位热量是 1000J/100g，那么本轮食物的摄入热量是 500×1000/100=5000J。

（7）检查遍历是否完成，实际上使用了 Apply to each 动作。

（8）读取推荐每日营养量，使用了 List Records 动作。按照当前用户的条件，在"推荐每日营养含量"表中读取适合当前用户的推荐每日营养量。为简化计算，本应用只使用了性别作为条件，如图 6.47 所示。

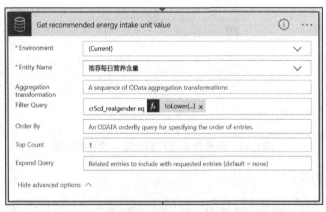

图 6.47 读取当前用户的每日推荐营养量

其中，查询语句为：

```
cr5cd_realgender eq @{toLower(string(first(body('Get_UserInfo')?['value'])?
['cr5cd_gender']))}
```

即只使用性别来查询。first()方法用于提取一个列表中的第一个记录。如前面第（2）步所述，Get_UserInfo 所返回的列表只会有一个记录。

（9）计算当前用户的每日推荐热量，通过"Initialize recommended energy"动作，来赋值给"rec_energy"变量，如图 6.48 所示。

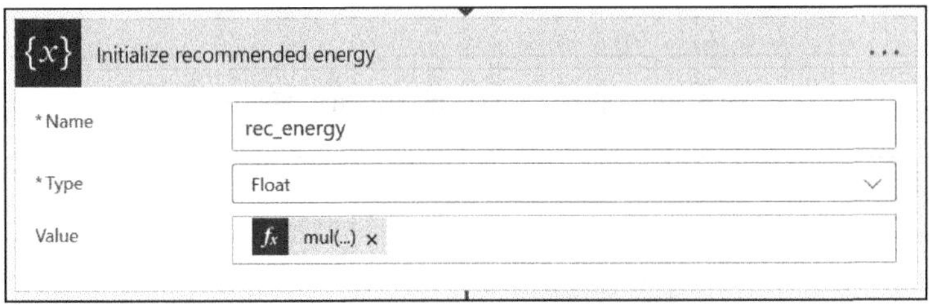

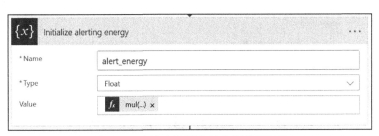

图 6.48　计算当前用户的每日推荐热量

其中的语句为：

```
@mul(first(body('Get_recommended_energy_intake_unit_value')?['value'])?
['cr5cd_energy'],first(body('Get_UserInfo')?['value'])?['cr5cd_weight'])
```

即将该用户单位重量的热量推荐值乘用户的重量，得到总的热量推荐值。

（10）计算当前用户的热量警报阈值，使用"Initialize alerting energy"动作，来赋值给"alert_energy"变量，如图 6.49 所示。

图 6.49　计算当前用户的热量警报阈值

其中的语句为：

```
@mul(variables('rec_energy'),first(body('Get_UserInfo')?['value'])?['cr5cd_
alertthreshold'])
```

即从用户信息表中读取该用户的警报百分比，再乘每日推荐热量"rec_energy"，得到热量警报阈值。

（11）判断摄入的热量是否超过警报阈值，这是简单的数值对比，如图 6.50 所示。

（12）发送警报邮件给当前用户，在邮件中综合显示了上述几个变量，如图 6.51 所示。

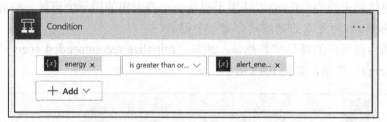

图 6.50　判断摄入的热量是否超过警报阈值

图 6.51　发送警报邮件给当前用户

6.9　Power BI 报表分析

系统使用 Power BI 报表，为用户提供营养分析日报和评分。报表通过丰富的数据模型和交互，实现了从多个维度——包括能量摄入量、营养均衡度等——对用户的饮食情况进行分析。同时，通过"磁贴"技术，Power Apps 应用中可以直接显示报表的内容；用户单击链接后，可以跳转到 Power BI 查看完整的报表。

图 6.52 所示为 Power BI 营养分析日报界面。

报表的数据来源是 Dataverse 里的表，包括用户、食物营养记录、推荐每日营养含量、日摄入食物记录等。除此以外，还建立了多个度量值以方便计算。

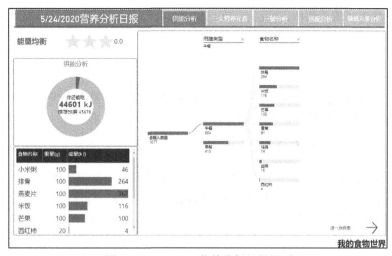

图 6.52 Power BI 营养分析日报界面

为了保护隐私，一般用户查看报表时，只会看到自己的食物摄入记录，而不能查看别人的记录；管理员用户则可以查看所有用户的记录。这是通过定义角色和启用行级别权限控制来实现的。在"数据"分页下，选择"主页"→"管理角色"可进入管理角色的界面，如图 6.53 所示。创建角色后，单击要进行筛选的表格，再填写 DAX 表达式，可对表的内容进行筛选。

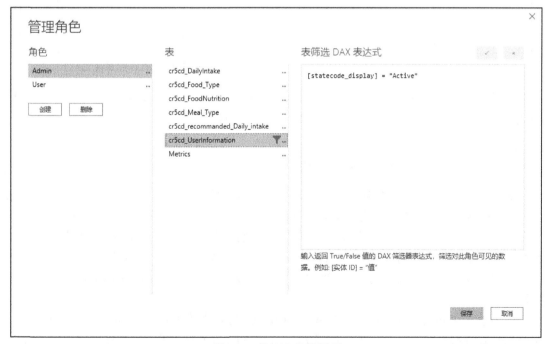

图 6.53 管理角色的界面

本报表中定义了两个角色：Admin 和 User，其中 Admin 角色对用户信息表进行了如下的筛选：

```
[statecode_display] = "Active"
```

statecode_display 是用户信息表中的一个属性，表示该用户是否处于激活的状态。此 DAX 表达式表示可显示所有已激活的用户的记录。

User 角色对用户信息表进入了如下的筛选：

```
[cr5cd_userid] = username()
```

cr5cd_userid 是用户信息表中用户的 ID，它表示只显示当前用户的记录。

本报表使用了多种视觉对象，例如对用户的摄入营养进行评级时，使用了星星评级工具，如图 6.54 所示。这个工具并不是 Power BI 内置的，而是在 Power BI 应用商店搜索视觉对象获得的，如图 6.55 所示。

图 6.54 星星评级工具

图 6.55 在 Power BI 应用商店搜索视觉对象

接下来以"能量均衡"星星评级为例，说明关于该视觉对象的设置。把"供能得分"与"星星评级"相关联，如图 6.56 所示。"供能得分"的计算公式如下：

```
供能得分 = 1-abs(sum(cr5cd_UserInformation[每日推荐能量])- [takein energy])/
sum(cr5cd_UserInformation[每日推荐能量])
```

从公式可看出，当天所实际摄入的能量与每日推荐能量越接近，则得分越高。当推荐能量与实际摄入能量相同时，得分最高，为 1。

将在 Power Apps 上可以显示 Power BI 报表的一部分视觉工具，称为磁贴（Tile）。例如在 Power Apps 的历史记录界面，除了以列表方式显示一段时期内用户所摄入的食物，还可以显示该用户的食物摄入评分。这些评分控件就是 Power BI 磁贴，如图 6.57 所示。

如果要在 Power Apps 中显示 Power BI 磁贴，需要先将 Power BI 报表发布。发布后，在 Power BI 网站打开报表，然后将需要发布成磁贴的视觉工具进行固定，如图 6.58 所示。固定视觉对象需要选择一个仪表板；如未创建仪表板，也可以选择创建一个新的仪表板。

图 6.56 把"供能得分"与"星星评级"相关联

图 6.57 Power Apps 中的磁贴

此后，在 Power Apps 中选择添加图表和 Power BI 磁贴，再选择工作区、仪表板和其中的磁贴，就能在 Power Apps 中显示该磁贴了。图 6.59 所示为在 Power Apps 中显示磁贴。

图 6.58 对视觉对象进行固定

图 6.59 在 Power Apps 中显示磁贴

6.10 管理员界面介绍

图 6.60 所示为管理员主界面，注意管理员主界面内容元素较多，故此界面采用的是 Tablet

布局，有别于用户应用的手机布局。管理功能分为食品管理与成员管理两个部分。

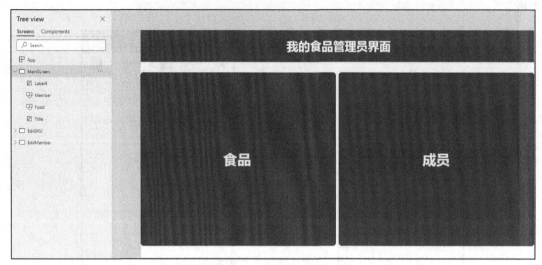

图 6.60　管理员主界面

单击"食品"选项进入"食品管理界面"，该界面共有 9 个功能区，如图 6.61 所示。

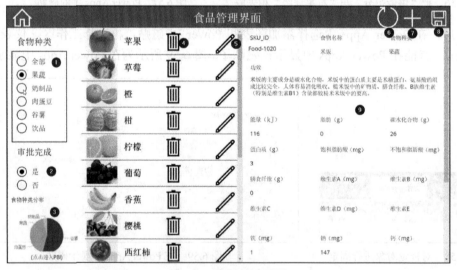

图 6.61　食品管理界面

（1）**食品种类选择**：该选择控件为"Radio"（单选）按钮，插入单选按钮如图 6.62 所示。

因为选择中的内容包括"全部"字段，该字段不存在于元数据表中，因此选择内容的表达形式如图 6.63 所示。

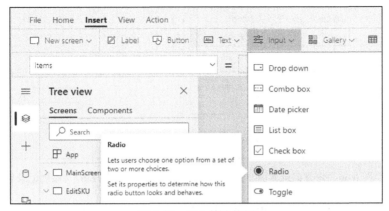

图 6.62 插入单选按钮

图 6.63 输入预选值 1

（2）**审批完成选择**：设置与（1）相似，如图 6.64 所示。

图 6.64 输入预选值 2

（3）**Power BI 视图**：单击该视图会跳转至 Power BI 管理报表中。

（4）**删除选择**：单击该选项后，会弹出提示设置，单击"是的"将删除本项，单击"算了"取消删除操作，如图 6.65 所示。

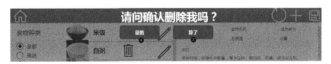

图 6.65 删除记录设置框

（5）**修改选择**：单击该选项后，⑨处的表格区变为可修改状态。修改记录界面如图 6.66 所示。该控件代码为：

```
Select(Parent); EditForm(SKUdetailForm)
```

其中 Select()部分为默认代码，代表选择父级控件，可以忽略。EditForm 将食物信息表格状态由只读变为修改。

（6）**刷新选择**：恢复表格状态为只读，代码为 ResetForm(SKUdetailForm)。

（7）**添加选择**：代码为 NewForm(SKUdetailForm)，单击后，表格状态为空白可编辑状态。添加记录界面如图 6.67 所示。

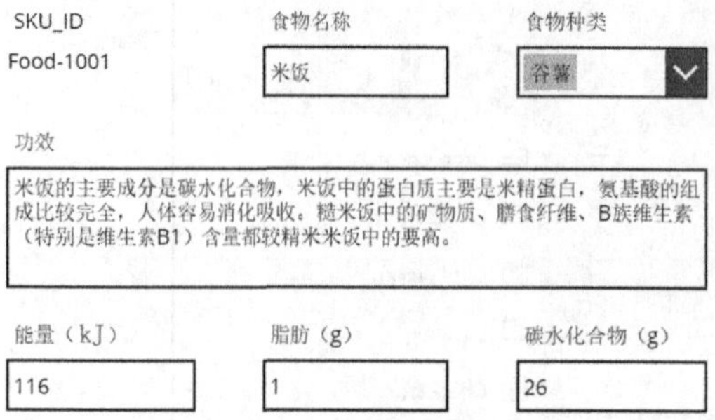

SKU_ID
Food-1001
食物名称
米饭
食物种类
谷薯
功效
米饭的主要成分是碳水化合物，米饭中的蛋白质主要是米精蛋白，氨基酸的组成比较完全，人体容易消化吸收。糙米饭中的矿物质、膳食纤维、B族维生素（特别是维生素B1）含量都较精米米饭中的要高。
能量（kJ）
116
脂肪（g）
1
碳水化合物（g）
26

图 6.66　修改记录界面

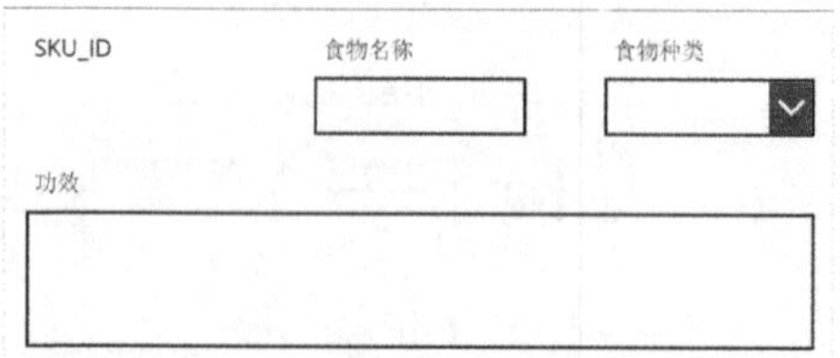

SKU_ID
食物名称
食物种类
功效

图 6.67　添加记录界面

（8）**保存选择**：代码为 SubmitForm(SKUdetailForm)。在如图 6.67 所示的添加记录界面填入相应内容后，单击该按钮，界面会提示更新成功，修改完成界面如图 6.68 所示。

修改完成
116
Ok

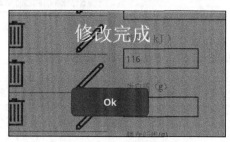

图 6.68　修改完成界面

（9）**食物信息区**：注意在任何状态下，“SKU_ID”字段始终为只读。这是因为该字段是食物营养表中自动产生的主键，不可修改。设置的方法是在“Fields”中把“Control type”设置为“View text”，可读字段设置如图 6.69 所示。

Fields
Add field
SKU_ID
Food-1001
食物名称
米饭
功效
米饭的主要成分是碳水化合物，米饭中
成比较完全，人体容易消化吸收。糙米
（特别是维生素B1）含量都较精米米饭
能量（kJ）
116
脂肪（g）
1
蛋白质（g）
饱和脂肪
SKU_ID
Control type
View text
Field name
cr5cd_sku_id
Data type
String
Required
No
食物名称
Control type
Edit text
Field name

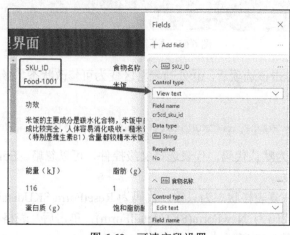

图 6.69　可读字段设置

　　回到主界面，单击"成员"选项，跳转至成员管理界面，如图 6.70 所示。成员管理界面的操作应用与前面的食物操作界面应用基本相同，在此不进行详细介绍。唯一值得注意的地方是"姓""名"等字段在编辑状态下是不可修改的，但是在新建状态下是可修改的，这与之前的食物 ID 始终不可修改有区别。新增成员管理界面如图 6.71 所示。

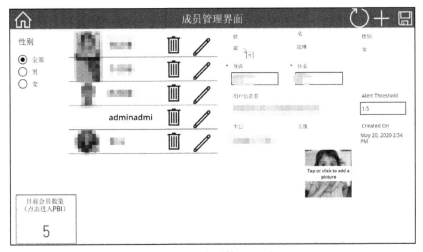

图 6.70　成员管理界面

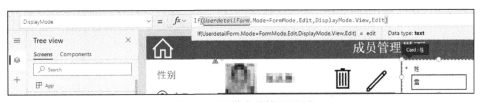

图 6.71　新增成员管理界面